FORSCHUNGSBERICHTE DES LANDES NORDRHEIN-WESTFALEN

Nr. 1404

Herausgegeben
im Auftrage des Ministerpräsidenten Dr. Franz Meyers
von Staatssekretär Professor Dr. h. c. Dr. E. h. Leo Brandt

DK 33:338:677
338:677:667.2/3 (4 + 43) "1800/1960"

Dipl.-Volksw. Dr. Ruth Schillinger

Forschungsstelle für allgemeine und textile Marktwirtschaft an der Universität Münster
Leiter: Prof. Dr. Walther Gustav Hoffmann

Die wirtschaftliche Entwicklung des Stoffdrucks

Langfristige Tendenzen und kurzfristige Einflüsse

WESTDEUTSCHER VERLAG · KÖLN UND OPLADEN 1964

ISBN 978-3-663-06146-5 ISBN 978-3-663-07059-7 (eBook)
DOI 10.1007/978-3-663-07059-7

Verlags-Nr. 011404

Gesamtherstellung: Westdeutscher Verlag

Heiner Habig jun.

* 30. November 1923 † 11. Dezember 1963

Gewidmet

Vorwort

Mit der vorliegenden Studie übergibt die Forschungsstelle der Öffentlichkeit eine Arbeit, die sich mit den langfristigen und kurzfristigen Bestimmungsgründen der Entwicklung speziell des Stoffdrucks befaßt. Die allgemeine Wachstumsforschung hat es mit den Gesamtgrößen des Kreislaufes zu tun, also dem Gesamtkonsum, den Gesamtinvestitionen, dem Gesamtexport, dem Gesamtimport usw. Im vorliegenden Fall war dagegen das Anliegen, die historischen, statistischen oder archivalischen Einzeldaten zu einem Gesamtbild zusammenzufügen, um den Prozeß der Entfaltung einer speziellen Branche zu verstehen. Die Entscheidung darüber, welcher Einfluß in der Geschichte wachstumshemmend oder wachstumsfördernd gewirkt hat, kann erst nachträglich gefällt werden. Würde man die Meinung der Zeitgenossen dazu erforschen, so würde sich möglicherweise ein völlig anderes Bild ergeben. Wie tatsächlich die Investoren in den einzelnen Unternehmungen sich verhalten haben im letzten Jahrhundert, zeigt das schöne Schaubild 8 über die Entwicklung des Druckmaschinenbestandes in den genannten Unternehmungen zwischen 1830 und 1960. Die allmähliche Durchsetzung des technischen Fortschrittes als des wichtigsten wachstumsfördernden Faktors wird auch sehr schön verdeutlicht durch Schaubild 9, in welchem die Entwicklung der auf einen Drucktisch entfallenden Beschäftigten als Streuungsdiagramm wiedergegeben wird. Damit wird ein wichtiger Indikator über die Lebensgeschichte speziell des Stoffdrucks aufgezeigt. Neben den Veränderungen in der Produktionsstruktur werden auch die Wandlungen der Standortstruktur und in der Absatzstruktur aufgezeigt. Die Probleme der jüngsten Zeit werden erst voll verständlich auf dem Hintergrund dieser branchenmäßigen Wachstumsanalyse.

Die Studie wird seitens der Forschungsstelle dem zu früh verstorbenen Diplom-Volkswirt Heiner Habig, Herdecke, gewidmet. Die Forschungsstelle tut dies nicht nur, weil Firma und Inhaber der Firma Habig seit jeher zu den Freunden und Förderern der Forschungsstelle gehören, sondern vor allen Dingen deswegen, weil der Verstorbene höchst persönlich an der Durchführung dieser Untersuchung interessiert war und sich mit Rat und Tat zur Verfügung gestellt hat. Trotz der großen geschäftlichen Inanspruchnahme fand Heiner Habig immer wieder Zeit zu wissenschaftlichen Erörterungen über die Durchführung dieser Untersuchung. Er repräsentierte eine ganz besonders glückliche Art der Zusammenarbeit zwischen wirtschaftlicher Praxis und wissenschaftlicher Forschung. In diesem Zusammenhang darf nicht unerwähnt bleiben, daß es für Heiner Habig in diesen vielen Diskussionen nicht nur ein Interesse an den geschäftlichen Fragen, sondern auch an der künstlerischen Gestaltung des menschlichen Konsums gab.

Die Forschungsstelle gibt die Arbeit zum Druck in der Hoffnung, daß sich die Wirtschaftswissenschaft durch eine derartige monographische Analyse bereichert fühlt und daß die wirtschaftliche Praxis angeregt wird zum Nachdenken über die Stellung der einzelnen Unternehmung im Rahmen einer Branche oder einer Branche im Rahmen der Gesamtwirtschaft. Die Studie macht deutlich, daß es immer wieder der Phantasie und der Energie der verantwortlichen Kräfte in dieser Branche bedurfte, um sich auf dem Markte des In- und Auslandes behaupten bzw. durchsetzen zu können.

Dankbar anerkannt werden muß noch die große finanzielle Hilfe seitens des Landes Nordrhein-Westfalen und der Vereinigung der Stoffdruckereien e.V., Bonn, ohne welche die Durchführung der Untersuchung nicht möglich gewesen wäre.

Die Forschungsstelle hofft, daß damit auch die Kenntnis über eine im nordrhein-westfälischen Raum seit langem beheimatete Industrie wesentlich vertieft worden ist.

W. G. Hoffmann

Inhalt

Zweiter Teil

Verzeichnis der Abbildungen

Verzeichnis der Tabellen

Einleitung und Problemstellung

Seit Jahren ist die schwierige Lage der westdeutschen bzw. westeuropäischen Textilindustrie der Anlaß eingehender Erwägungen und Überlegungen, und zwar besonders deshalb, weil der Vergleich mit den Erträgen und Zuwachsraten anderer Industriezweige ständig das eigene Zurückbleiben vor Augen führt. Zweifellos trifft dieser unbefriedigende Zustand nicht alle Bereiche der Textilindustrie jederzeit und in gleichem Maße; auch hier gibt es Ausdehnung, Fortschritt und Wachstum. So scheint es sinnvoll, die Entwicklung einiger solcher Teilbereiche genauer zu untersuchen, um auf diese Weise Aufschluß über die Ursache der Zunahmen bzw. Rückschläge zu erhalten.
Ein derartiger Sektor ist auch der Stoffdruck, der der Textilveredlung zugezählt wird. Allerdings handelt es sich hierbei um einen relativ kleinen, aber aufschlußreichen Zweig. Sowohl seine Stellung im Produktionsprozeß als auch die Nähe des Konsumenten machen ihn besonders bemerkenswert. Grundsätzlich ist er an das Vorhandensein von Vorstufen gebunden, doch führt er unabhängig von diesen infolge seiner ausgeprägten Besonderheiten ein recht beachtliches Eigenleben. Wenn es gelingt, die Einflußfaktoren an Hand der bisherigen Entwicklung zu analysieren und richtig einzuordnen, so lassen sich daraus auch für die gegenwärtige Situation gewisse Hinweise entnehmen.
Zunächst erscheint eine kurzfristige Beobachtung für die Beurteilung ausreichend, doch ist schon bald zu erkennen, daß dies zwar zutrifft, daß aber viele Tendenzen und Entwicklungen auf einem historischen Hintergrund besser hervortreten. Daher wird die Arbeit über die Entwicklung des Stoffdrucks unter zweierlei Gesichtspunkten aufgebaut werden: Einmal soll der geschichtliche Ablauf aufgezeigt werden, wobei neben dem frühen industriellen Stoffdruck die handwerkliche Produktion zumindest erwähnt werden muß, wenn auch der industriellen Erzeugung und hierbei vor allem den modernen Gegebenheiten mehr Gewicht beigelegt wird. Neben dieser historischen Beobachtung soll vor allem dem industriellen Stoffdruck der Bundesrepublik Deutschland besondere Beachtung geschenkt werden, und zwar vorwiegend für die Zeit von 1950 an. Von Interesse ist dabei hauptsächlich die allgemein kurzfristige Entwicklung dieses speziellen Zweiges der Textilindustrie.
Bei der Untersuchung der langfristig bedeutenden Zusammenhänge werden außer der Beachtung der Standorte die ständig verbesserte Produktionstechnik und die sich wandelnden Absatzmärkte und -bedingungen im Vordergrund stehen. Daneben sollen auch die Gestaltungsmöglichkeiten der Unternehmensleitung mit einbezogen werden. Allerdings muß sich dieser Teil der Arbeit wegen der in der Vergangenheit ständig auftretenden Veränderungen der politischen Zugehörigkeit einzelner Gebiete auf Mitteleuropa erstrecken, während die Untersuchung für die

heutige Zeit sich auf die Bundesrepublik beschränkt. Sie behandelt den allgemeinen Entwicklungsprozeß seit 1950 an Hand der Produktionsstruktur, der Ein- und Ausfuhren und des sich wandelnden Verhältnisses von Eigen- und Lohndruck. Leider bedingt das insgesamt vielfach unvollständige Material gewisse Lücken und Mängel der Abhandlung, doch wird sich dennoch eine Gesamttendenz erkennen lassen.

ERSTER TEIL

Die langfristige wirtschaftliche Entwicklung des Stoffdrucks in Mitteleuropa seit etwa 1800

I. Einführender historischer Überblick

Als FRIEDRICH WILHELM I., König von Preußen, im Jahre 1721 verordnet, »daß nach Ablauf von acht Monaten keine gedruckte noch gemalte Cattune, sie mögen Namen haben wie sie wollen, ... von Niemand, weder männlichen noch weiblichen Geschlechts, ... bei 100 Reichstaler fiscalischer Strafe oder bei dreitägiger Strafe mit dem Hals-Eisen weitergetragen, sondern alle jetzt habende Cattun-Kleidung, Schlafröcke, Mützen, Schürzen, und was es sonst sein mag, innerhalb der gesetzten acht Monate völlig aufgetragen und zerrissen werden sollen«[1], muß die Vorliebe für die meist importierten bedruckten Stoffe doch recht groß gewesen sein, denn sonst wäre wohl kaum ein solches Edikt erlassen worden. Dabei steht der preußische König mit dieser Anordnung nicht allein; in Frankreich dürfen bereits seit 1686 keine bedruckten Stoffe mehr verwendet werden, und auch in England bestehen wesentliche Fabrikationseinschränkungen. Warum aber werden derartige Verbote aufgestellt? Handelt es sich bei diesem »Cattundruck« um einen völlig neuen Wirtschaftszweig, oder war er das Ergebnis einer langen Entwicklung? Werden durch die Verbreitung dieser Stoffart gewisse Privilegien einzelner Stände verletzt, durch die Zunahme der Druckereien die Zunftrechte berührt oder die Forderungen des Merkantilismus nicht beachtet? Am besten lassen sich wohl all diese Fragen nach einem kurzen Rückblick auf die Entwicklung des Stoffdrucks beantworten.

Als eigentliches Ursprungsland des Stoff- oder besser Zeugdruckes darf mit großer Wahrscheinlichkeit Indien[2] angesehen werden. Von dort aus erobert er bereits im Altertum den Vorderen Orient und erlangt vor allem in Ägypten eine gewisse Bedeutung. HERODOT und PLINIUS schon berichten von gemusterten, nicht buntgewebten oder -gewirkten Stoffen, und die bei den Ausgrabungen von Achmim (Oberägypten)[3] entdeckten bedruckten koptischen Stoffe und Druckstöcke aus dem 4.–5. Jahrhundert sind die ältesten heute vorhandenen Originalstücke[4]. Doch wurde auch in Quedlinburg ein Stück bedruckten Stoffes, welches auf den Anfang

[1] KASPER, KARL, »Bunter Traum auf gewebtem Grund«, Berlin (nach 1936), S. 62.

[2] BOLLIGER, ARTHUR, »Ein Beitrag zur Entwicklung des europäischen Textildrucks«, Wien 1950, S. 4.

[3] ROBERT FORRER berichtet ausführlich über die bei den Ausgrabungen Ende des 19. Jahrh. gemachten Funde aus Oberägypten in »Die frühchristlichen Altertümer aus dem Gräberfeld von Achmim«, Straßburg 1893.

[4] VOLBACH, WOLFG. FRITZ, »Das christliche Kunstgewerbe der Spätantike und des frühen Mittelalters im Mittelmeergebiet«, in: BOSSERT, HELMUTH TH., »Geschichte des Kunstgewerbes«, Band V, Berlin 1928–1935, S. 108ff.

des 7. Jahrhunderts datiert wird, im sassanidischen Stil, wohl orientalischer Herkunft, ermittelt, und andere Funde bestätigen, daß die Zeugdrucke inzwischen vom Orient bis nach Mitteleuropa gekommen sind.
Aus dem 10. Jahrhundert stammen dann die ersten bekannten einheimischen Drucke (vom Niederrhein), und seit dem 11. Jahrhundert kann schon fast von »vielen« bei uns hergestellten Druckstoffen gesprochen werden[5]. Als Ausgangsmaterial wird entweder Leinen oder Seide, welche aus Italien und Byzanz eingeführt werden muß, verwandt, und die Farbskala ist ziemlich bald verhältnismäßig reichhaltig: Man druckt schwarz, grün, rotbraun und blau, und eine Besonderheit jener Zeit sind die Gold- und Silberdrucke, bei denen der Metallstaub mit Hilfe eines Klebemittels auf dem Gewebe befestigt wird[6], ein Verfahren, das später unter Verwendung von Wollstaub auch zur Imitation von Samttapeten dient. Die eigentliche Musterung der Stoffe ergibt sich durch das fortlaufende Aneinanderreihen einer oder mehrerer stempelartiger Druckformen, der Model, auf welchen Tiere, stilisierte Blumen und Ranken etc. dargestellt sind; meist sind die einzelnen Ornamente dabei nicht sehr groß. Gegen Ende des 14. Jahrhunderts jedoch entstehen dann Bild-Zeugdrucke, die interessanterweise älter sind als Bilddrucke auf Pergament oder Papier und die somit als Vorläufer der Holztafeldruckbilder angesehen werden können[7]. Als neues, typisches Motiv kommt im 15. Jahrhundert noch das Granatapfelmuster dazu[8]. All diese Stoffe werden vornehmlich für kirchliche Zwecke verwendet, als Stofftapeten, Wandbehänge, Antependien oder Futterstoffe, doch auch in Burgen, Patrizier- und Bürgerhäusern, und vielfach sind sie in weniger wohlhabenden Gegenden ein Ersatz für die damals sehr teuren gemusterten byzantinischen Seidengewebe.
Die Renaissance allerdings, mit ihrer Vorliebe für reiche und prächtige Ausstattung, läßt den Zeugdruck an Bedeutung verlieren, und die bisher – im Vergleich mit der späteren Ausdehnung – schon mengenmäßig geringe Produktion geht weiter zurück, wenn auch der Zeugdruck als solcher in Mitteleuropa durchaus bekannt bleibt. Eine Bestätigung für diesen geringen Einfluß, gemessen am gesamten textilen Bereich, sind auch die nicht oder kaum vorhandenen Angaben über den Zeugdruck; gibt es doch in dem ganzen bisher betrachteten Zeitraum keinen organisierten handwerklichen Zeugdruck, was beispielsweise bei anderen Gewerben, wie Webern, Tuchscherern usw., unumgänglich ist. Wie man u. a. durch die Druckanweisung aus dem Katharinenkloster zu Nürnberg weiß, wird in manchen Klöstern die Druckerei betrieben, auch gibt es Zeugdrucker in der Maler- und Schreinerzunft, und später mögen sich einzelne Färber im Druck versucht haben[9], so beispielsweise in Köln, wo die Leinwanddrucker der Färberzunft

[5] Jaques, Renate, »Deutsche Textilkunst«, Krefeld 1953, S. 10.
[6] Jaques, Renate, a.a.O., S. 9.
[7] Siehe auch Heiden, Max, »Handwörterbuch der Textilkunde aller Zeiten und Völker«, Stuttgart 1904, Artikel »Zeugdruck«; Essenwein, A., in: Anzeiger für Kunde der deutschen Vorzeit Nr. 8, 1872, Spalte 241 ff., wo über den Abdruck eines Zeugdruckermodels berichtet wird, welches die Größe eines Buches überstieg und wo der Abdruck daher zerschnitten werden mußte.
[8] Heiden, Max, a.a.O.
[9] Unter anderem Bolliger, Arthur, a.a.O., S. 19.

zugerechnet werden[10]; einen eigenen Fachverband der Zeugdrucker jedoch hat es wohl nirgends gegeben, wahrscheinlich auch deshalb, weil für die doch insgesamt sehr vereinzelten und weit verstreuten Drucker kein derartiger Zusammenschluß für notwendig oder sinnvoll erachtet wird.

Die durch das Lebensgefühl der Renaissance und des Frühbarocks bewirkte Abkehr von der Verwendung einfach bedruckter Zeuge bedeutet jedoch nicht den endgültigen Verfall des Stoffdrucks, sondern zeigt nur ein vorübergehendes Abrücken an, welchem sich dann – nach einem Anstoß von außen, wodurch ein zweiter Abschnitt in der Entwicklung dieses Wirtschaftszweiges eingeleitet wird – ein neues Aufblühen, eine nie gekannte Glanzzeit anschließt. Es bringen nämlich die als Folge der großen Entdeckungen zu Beginn des 17. Jahrhunderts gegründeten Ostindischen Kompanien in ihren Schiffen auf dem Rückweg von Indien neben anderen Gütern auch wunderbar gemusterte, farbenprächtige Stoffe nach Europa mit, die »Indiennes«, »toiles peintes«, »Kattune«, »Zitze«, »Calicos« und wie diese bedruckten Gewebe auch immer bezeichnet werden mögen, feinste Baumwollstoffe, deren vorher nie gesehene Farbigkeit und reiche Musterung dem Geschmack der damaligen Zeit besonders entspricht[11], und die sich infolgedessen sehr rasch als Luxusartikel in den gehobenen Schichten Eingang verschaffen können. Diese bunten Baumwollgewebe finden als Kleider, Gardinen, Steppdeckenbezüge, Teppiche etc. Verwendung[12] und werden bald auch bei der breiten Masse ein derartiger Modeartikel, daß die Nachfrage danach durch die auf dem Seeweg nach Europa gelangenden »Kattune« überhaupt nicht befriedigt werden kann, zumal ja in Indien die Herstellung dieser Stoffe handwerksmäßig betrieben wird. So liegt es nahe, daß, um diesem Mangel abzuhelfen, geschickte, wagemutige, durch die zu erlangenden großen Gewinne angelockte Zeitgenossen gegen Ende des 17. Jahrhunderts solche »toiles peintes« auf importierten feinen Baumwollgeweben nachzuahmen versuchen. Gleichwohl vergeht noch eine lange Zeit, bis sie auch nur teilweise die Farbenpracht der indischen Artikel erreichen können, denn in Europa sind weder die dafür erforderlichen lichtechten Farben noch vor allem die in Indien angewandten Bemusterungstechniken zur Herstellung solch vielfarbiger Stoffe bekannt, hat doch auch die erste »moderne«, 1678 in Amersfoort von zwei Kaufleuten gegründete Zeugdruckerei, der bald weitere Gründungen folgen, zum eigentlichen Drucken einen Türken eingestellt[13]. So wird in dieser Zeit noch immer die Hauptmasse der bedruckten »Kattune« aus Indien eingeführt, und auch die Rohgewebe stammen nicht aus der einheimischen Produktion. Durch diese Art der Bedarfsdeckung geht jedoch der Absatz der inländischen Wollstoff- und Leinenhersteller und auch der Baumwollweber erheblich zurück, und die Herrscher werden um entsprechende Schutzmaßnahmen gebeten. Da

[10] Oberbach, Elli, »Das Kölner Textilgewerbe von der Wende des Mittelalters bis zum 19. Jahrh.«, Diss., Köln 1929, S. 122ff.

[11] Blumer, U. Ferd., »Anfang und frühe Entwicklung des Zeugdrucks in der Schweiz unter besonderer Berücksichtigung des Kantons Glarus«, Schwanden/Glarus (nach 1954), S. 3.

[12] Kasper, Karl, a.a.O., S. 59.

[13] Unter anderem Bolliger, Arthur, a.a.O., S. 4.

zudem die Importe noch teilweise durch Abgabe von Edelmetallen bezahlt werden müssen, was nach merkantilistischer Auffassung den Reichtum des Landes vermindert, lassen sich jetzt die eingangs erwähnten, von den besorgten Landesherren erlassenen Verbote, »Kattun« zu tragen, verstehen. Erst um die Mitte des 18. Jahrhunderts werden diese einschneidenden Verordnungen endgültig aufgehoben, und damit beginnt die eigentliche Entwicklung und Blütezeit des Stoffdrucks.

II. Standorte und Standortverschiebungen

1. Vorbemerkungen

Die bereits mehrfach angeführten Verbote, welche die Herstellung und Verwendung gedruckter Stoffe nicht zulassen, dürfen jedoch nicht den Eindruck erwecken, daß der Kattundruck bis zu deren Aufhebung praktisch nicht vorhanden gewesen ist, denn gelten sie auch für die großen Königreiche England, Frankreich und Preußen, so gibt es in vielen, zum Teil kleineren europäischen Staaten, wo keine derartigen Gesetze erlassen worden sind, Möglichkeiten genug, sich dem Zeugdruck zuzuwenden[14].

Da sich der Stoffdruck jedoch im 18. Jahrhundert – durch die indischen Vorbilder angeregt – in vielfacher Hinsicht weiterentwickelt, läßt sich eine so globale Betrachtung, wie sie bisher durchgeführt wurde, nicht mehr länger beibehalten; es müssen die einzelnen Bereiche wie beispielsweise die technische Weiterentwicklung im weitesten Sinn, die regionale Verteilung, die ökonomischen und politischen Einflüsse etc. gesondert behandelt werden.

An den Anfang soll hier die regionale Verteilung gestellt werden, weil ihre Behandlung die vorhandenen Ansätze vertiefen und einen grundlegenden Überblick vermitteln kann.

2. Der Ausgangszeitpunkt: Das Ende des 18. Jahrhunderts

Nachdem in den Niederlanden die ersten Stoffdruckereien, im folgenden stets als Druckereien bezeichnet, entstanden sind[15], dauert es nicht lange, bis der neue Erwerbszweig auch an andern Orten Fuß faßt. So wird die Weberstadt Augsburg[16] bald der Hauptsitz des Zeugdrucks, und schon vor 1700 werden dort von den städtischen Behörden für das bisher zunftfreie Gewerbe 16 Druckergenehmi-

[14] Von außen her wurde ein solches Beginnen noch durch die Aufhebung des Edikts von Nantes (1685) unterstützt; mehr als 100000 Hugenotten, unter ihnen auch eine Reihe Zeugdrucker, wanderten aus Frankreich in die übrigen europäischen Staaten aus und siedelten sich hauptsächlich im Elsaß, in der Schweiz und später in Preußen an.

[15] Um 1700 gab es schon an die 100 Druckereien, s. Smit, W. J., »De Katoendrukkery in Nederland tot 1813«, Amsterdam 1928.

[16] Sie war bis 1805 freie Reichsstadt und gehörte dann zu Bayern.

gungen ausgegeben[17]. Doch auch die schweizerischen Städte Basel, Bern, Genf Neuenburg[18] und Zürich beherbergen schon sehr früh dies Handwerk in ihren Mauern. Von diesen drei Zentren aus verbreitet sich der Zeugdruck dann weiter, jedoch so, daß sich bald neue Schwerpunkte ergeben und nicht eine relativ regelmäßige Verteilung über das ganze mitteleuropäische Gebiet. Augsburg und die Schweiz sind um die Mitte des 18. Jahrhunderts noch immer von großem Einfluß, dazugekommen sind Hamburg, das als See- und Hansestadt leicht in den Besitz der erforderlichen ausländischen Rohgewebe gelangen kann, und, durch die Hugenottenansiedlung, Berlin; weitere Ansätze gibt es im Kurfürstentum Sachsen und in Mülhausen (Elsaß)[19], während in den Niederlanden nach 1750 ein Rückgang festzustellen ist[20].

Gegen Ende des 18. Jahrhunderts ist dann schon eine gewisse Ausdehnung erreicht, das erste Gründungsfieber überstanden, und wie Abb. 1 auf der folgenden Seite zeigt, sind die sich bildenden Schwerpunkte nicht allzusehr von den Staatsgrenzen abhängig: Sie liegen einmal in der südwestlichen Ecke (vor allem Schweiz und Elsaß), ferner im Kurfürstentum Sachsen und in Böhmen, dazu kommen Hamburg, Berlin und Augsburg.

Die sich aus dieser Darstellung an Hand der Anzahl der vorhandenen Betriebe ergebende regionale Verteilung wird auch durch einen Vergleich mit den in den jeweiligen Gebieten in der Druckerei Beschäftigten (s. Abb. 2) nicht grundlegend verändert, wenn auch die Bedeutung des einen oder anderen Zentrums dadurch verstärkt oder abgeschwächt werden kann[21]. Gleichzeitig vermitteln die Beschäftigtenrelationen einen verhältnismäßig guten Überblick über die Größe der Druckerei, was insbesondere dann wichtig ist, wenn, wie bis zum Ende des 19. Jahrhunderts, fast keine Produktionszahlen vorhanden sind. Dies trifft vor allem für solche Zeiten zu, in denen es – wie auch beim Stoffdruck gegen Ende des 18. Jahrhunderts – noch keine Maschinen gibt und wo somit die ganze Produktion durch Handarbeit erstellt werden muß, sei es in Handwerksbetrieben oder Manufakturen.

[17] Unter anderem Rinne, Will, »Revolutionen im Faserreich«, Hannover 1950; Kasper, Karl, a.a.O., S. 64.

[18] Neuenburg gehörte von 1707 bis 1814 zu Preußen, wurde dann Kanton der Eidgenossenschaft, unter preußischer Hoheit bis 1857.

[19] Mühlhausen war bis 1798 freie Reichsstadt und stand der Schweiz bzw. Basel nahe.

[20] Wie Smit, W. J., a.a.O., berichtet, bestanden dort vor allem große Lohndruckereien, bei denen eine Gewinnmöglichkeit nicht durch die »Handelsspanne«, sondern nur durch eine möglichst große Zahl von Aufträgen gegeben war. Infolge der großen Konkurrenz wurden die Veredlungslöhne so niedrig wie möglich gehalten, die Arbeitslöhne waren aber seit 1729 festgelegt.

[21] Einer solchen Darstellung kann indessen nur bedingte Genauigkeit zugeschrieben werden, da der Kattundruck in dieser Zeit ein sehr saisonabhängiges Gewerbe war, das neben den ökonomischen Daten auch den witterungsmäßigen Gegebenheiten unterworfen war. So konnte beispielsweise nur bei Tageslicht gearbeitet werden. Den spärlich vorhandenen Zahlenangaben kann jedoch nicht immer entnommen werden, von welchem Beschäftigungsgrad sie ausgehen. So mögen sich bei anderer Berechnung mitunter geringe Abweichungen ergeben, die jedoch die Gesamtentwicklung nicht beeinflussen können.

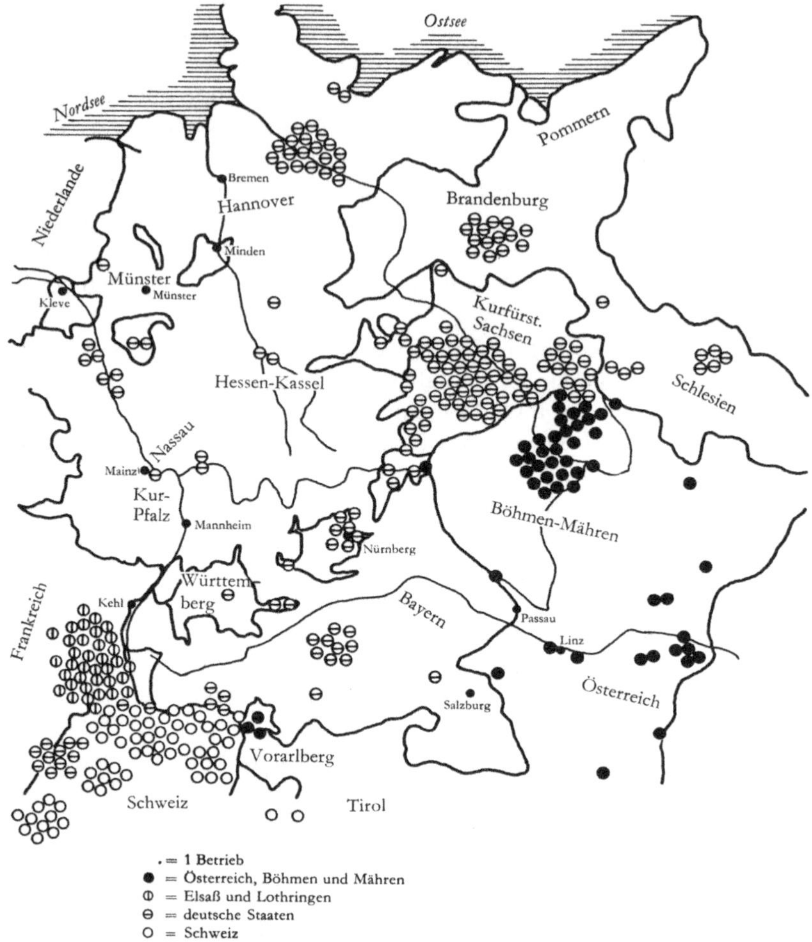

Abb. 1 Übersicht über die Standorte der mitteleuropäischen Zeugdruckereien gegen Ende des 18. Jahrh. (um 1795–1800)

In Augsburg beispielsweise zeigen die um 1795 im Verhältnis zur Anzahl der Betriebe zahlreichen Beschäftigten an, daß dort sehr große Druckereien gewesen sein müssen. Tatsächlich lebte dort der um diese Zeit bedeutendste, weit über die Grenzen seiner Heimatstadt hinaus bekannte deutsche Kattundrucker Johann Heinrich von Schüle, der in seiner »Fabrik« etwa 1500 Personen beschäftigte[22]. Doch auch im Elsaß, einem Teil der Schweiz und in Hamburg sind die Betriebe im Durchschnitt größer als in Berlin, Sachsen und Böhmen. Das mag vorwiegend

[22] 25–30 Jahre früher beschäftigte er sogar über 3000 Arbeiter, eine Zahl, die auch die großen modernen Druckereien bei weitem nicht erreichen bzw. nicht benötigen. Siehe Gaumnitz, Oskar v., »Johann Heinrich Edler v. Schüle«, in: Melliand Textilberichte, Heidelberg 1925, Nr. 12, S. 919ff.

damit zu begründen sein, daß in den drei zuletzt genannten Bezirken mit dem Zeugdruck erst verhältnismäßig spät begonnen worden ist und daß sich infolgedessen bis zum Ende des 18. Jahrhunderts dort noch keine Großbetriebe herausgebildet haben. Gleichwohl müssen auch andere Einflüsse eine beachtliche Wirkung ausgeübt haben, da ja im Elsaß, wo sich das Gewerbe im gleichen Zeitraum entwickelt, eine ungemein viel stärkere Zunahme zu verzeichnen ist. So drängt sich geradezu die Frage auf, welches die Ursachen für eine solche Schwerpunktbildung gewesen sind, denn offensichtlich sind doch in den Zentren die Voraussetzungen für den Stoffdruck besonders günstig.

Als Bestimmungsgründe für die regionale Orientierung des Druckergewerbes könnten möglicherweise die Lage der Rohstoffmärkte, das Vorhandensein von Vorlieferanten etc. maßgebend sein. Da in dem hier betrachteten Zeitraum (ca.

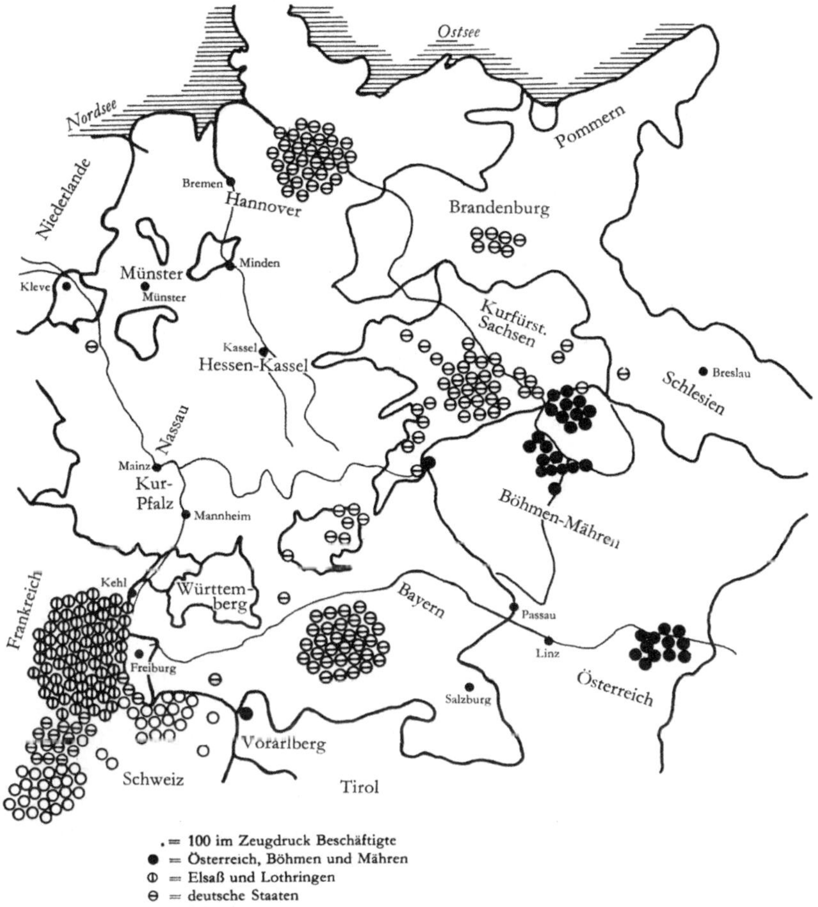

Abb. 2 Übersicht über die Standorte der mitteleuropäischen Zeugdruckereien gegen Ende des 18. Jahrh. (um 1795–1800)

1795–1800) lediglich der Handdruck bekannt ist, kommen als Arbeitsgeräte für den Drucker neben Farbkesseln, Châssis, Kübeln, Appreturpressen usw. vor allem Drucktische und Model in Betracht. Diese ganze Ausrüstung enthält jedoch weder technische noch wirtschaftliche Besonderheiten, sie ist sowohl allenthalben herstell- als auch verwendbar, und selbst die damals benutzten pflanzlichen Farbstoffe, die großenteils importiert werden, üben infolge des verhältnismäßig geringen mengenmäßigen Verbrauchs keinen Einfluß auf das Niederlassungsvorhaben eines Druckers aus. Etwas anders könnte es dagegen bei den Rohgeweben gewesen sein; sie werden indessen in großem Maße eingeführt, da die für den Indienne-Druck erforderlichen feinen Baumwollgewebe in jener Zeit im Lande selbst noch kaum hergestellt werden können[23]. Das bedeutet jedoch, daß damals für die Standortwahl von Druckereien das Vorhandensein der Spinnerei und Weberei nicht maßgebend war.

Betrachtet man aber außer den Geräten und Rohstoffen den gesamten Arbeitsablauf der Druckereien, so zeigt sich, daß dafür bestimmte, nicht zu umgehende Voraussetzungen unerläßlich sind: Sowohl das Drucken selbst wie die vorausgehende Bleiche verlangen eine ausreichende Wasserversorgung, da meist im fließenden Wasser gewaschen wird. Damit Verfärbungen und ähnliche Mängel vermieden werden, muß dieses Wasser klar und frei von Eisen und anderen schädlichen Mineralien sein, und es ist einsichtig, daß derartige Gewässer nicht in allen Landstrichen zu finden sind; sehr häufig sind es Gebirgsbäche, die solche Bedingungen erfüllen. Neben den günstigen Wasserverhältnissen bedarf der Drucker jener Zeit jedoch ferner der räumlichen und klimatischen Möglichkeit zum Bleichen, d. h. es muß bei genügend Sonnenschein ausreichendes Wiesengelände zur Verfügung stehen[24], damit in der relativ kurzen Jahreszeit, in der eine Naturbleiche durchführbar ist, die erforderliche Menge an Rohgeweben überhaupt gebleicht werden kann. Zudem wollen die Druckereien noch mit dem notwendigen Brennmaterial, meist Holz, mitunter auch Kohlen, versorgt sein, da beispielsweise die Bereitung der Farbküpen etc. viel Brennstoff verlangt.

Schließlich sollen zur Ergänzung noch einige Faktoren angeführt werden, deren Vorhandensein am Ort der Niederlassung zwar nicht unbedingt vonnöten, deren leichte Erreichbarkeit jedoch zumindest einer weiteren Ausdehnung sehr förderlich ist. Zu diesen wünschenswerten Gegebenheiten gehören einmal anstellige und willige Arbeitskräfte, die sich für die viel Geschick erfordernden Verrichtungen, sei es als Drucker, Formstecher oder Graveure usw., anlernen lassen, und zum andern, als ebenfalls sehr wesentliches Moment, die Beschaffungsmöglichkeit von Kapital, da gerade die größer werdenden Betriebe meist mehr Mittel verlangen, als ein einzelner besitzt oder aufbringen kann. Die Lage der Absatzgebiete hat auf die Entstehung von Druckzentren im 18. Jahrhundert verhältnismäßig wenig Einfluß, denn die bekannten Unternehmen beliefern viele Gebiete, Messen etc.,

[23] Oppel, Alwin, »Die Baumwolle«, Leipzig 1902, S. 219ff. Levy, Robert, »Histoire économique de l'industrie cotonière en Alsace«, Paris 1912, S. 70ff.

[24] Über den Bleichvorgang in Chemnitz berichtet ausführlich Forberger, Rudolf, »Die Manufaktur in Sachsen vom Ende des 16. bis Anfang des 19. Jahrhunderts«, Berlin 1958.

und große Entfernungen sind für ihre Erzeugnisse von untergeordneter Bedeutung. Kleine, meist im Lohn arbeitende Druckereien dagegen sind auf den Bedarf der Nachbarn angewiesen, doch fällt ihr Anteil mengenmäßig nicht allzusehr ins Gewicht. Ein nun alle Faktoren umfassender Überblick läßt erkennen, daß bei der Standortwahl am Ende des 18. Jahrhunderts zwischen notwendigen (= Wasser, Wiesen, Klima) und wünschenswerten (= Arbeitskräfte, Kapital) Bestimmungsgründen unterschieden werden kann.
Bei der Überlegung, welche der angeführten Faktoren den hier vorliegenden Wirtschaftszweig wirksam beeinflußt haben, soll mit den sogenannten notwendigen begonnen werden. Wie bereits erwähnt, befriedigen sehr häufig die Gebirgsbäche bzw. -flüsse die Ansprüche, die an das zum Drucken verwendbare Wasser gestellt werden. Und so befinden sich die zu betrachtenden Druckzentren fast immer in der Nähe von Höhenzügen oder zumindest doch nicht allzu weit davon entfernt, seien es Mülhausen, Genf, Neuenburg, Augsburg, die sächsischen oder böhmischen Druckereien, und die einzigen wesentlichen Ausnahmen – abgesehen von einzelnen Betrieben – bilden Berlin und Hamburg, die für Norddeutschland drucken. Doch muß es auch dort geeignete Wasserläufe gegeben haben, da sonst an beiden Orten die Druckerei nicht einen solchen Umfang hätte annehmen können. Indes ließen sich darüber keine Unterlagen beschaffen. Denkbar ist überdies, daß ein Teil der in diesen Städten verwendeten Gewebe zuvor in irgendeiner der bekannten, nicht allzu weit entfernten Bleichgegenden vorbehandelt wurde. Zahlreiche Bleichen gab es in Ennepe, Wuppertal, Warendorf etc. Im Grunde liegen aber in jener Zeit Bleiche und Druckerei immer beieinander. Als Beweis für das in unseren Breiten dem Veredlungsprozeß wohl insgesamt günstige Klima läßt sich vielleicht anführen, daß in dieser Frühzeit des Stoffdrucks in den nordischen Ländern keine nennenswerte Druckproduktion zu finden ist, und daß der dortige Bedarf durch Importe gedeckt wird.
Doch auch die andern beiden oben erwähnten Bestimmungsgründe sind nicht ohne Bedeutung. Die in den Stoffdruckzentren immer zahlreicher verlangten Arbeitskräfte werden, nachdem die ersten, den Anstoß gebenden Handwerker oder Kaufleute meist von außerhalb zugewandert waren, vor allem aus der ortsansässigen Bevölkerung und den umliegenden Gebieten angeworben. Das läßt sich verhältnismäßig leicht bewerkstelligen, weil das neu erblühte Gewerbe des Kattundrucks in dieser Anfangszeit ziemlich einträglich ist, und so viele Menschen die vorteilhaftere Arbeit in der Druckerei dem Spinnen und Weben im Hause oder andern kärglich entlohnten Beschäftigungen vorziehen. Da die, infolge der wachsenden Nachfrage, ständig größer und zahlreicher werdenden Unternehmungen viel Kapital benötigen, sehr häufig jedoch nicht mit genügend Vermögen ausgerüstet sind, ergeben sich sehr bald Verbindungen zwischen Druckern, Handelsherren und Bankiers[25]. Basel, die alte Kaufmanns- und Handelsstadt, ist bis ins 19. Jahrhundert beispielsweise kapitalmäßig mit Mülhauser, Lörracher und manchen schweizerischen Druckereien verbunden, und auch in Augsburg hätte die große Druckerei niemals ohne fremde Finanzhilfe weitergeführt werden können.

[25] Unter anderem Angaben aus unveröffentlichten Firmenchroniken.

Ähnliches gilt für Hamburg und Sachsen, und wenn private Kredite oder Beteiligungen nicht zu erlangen sind, kann sehr häufig auch aus der Staatskasse ein Darlehn aufgenommen werden[26], welches sich nicht selten durch teilweise Schenkung als dauernder Vermögenszuwachs niederschlägt.
Insgesamt läßt sich wohl sagen, daß die Entstehung der Zeugdruckereien gerade an den angeführten Stätten durchaus erklärbar ist, und daß besonders diese Bezirke günstigere Gegebenheiten ökonomischer und auch politischer Art aufweisen, als sie an vielen anderen Orten zu finden sind. Sicherlich muß als Ursache dessen vor allem die Kombination der herausgestellten Faktoren angesehen werden, denn es gibt viele Landstriche, wo die eine oder andere Voraussetzung isoliert gegeben ist; aber weder die reichen Kaufmannsstädte Frankfurt, Köln, Nürnberg, noch die mit günstigen Wasserverhältnissen ausgestatteten Gebiete im Alpenvorland oder in Norddeutschland konnten im gleichen Zeitraum diesen Gewerbezweig entstehen lassen oder gar zur Blüte bringen.

3. Die Standortverschiebungen bis zur Mitte des 20. Jahrhunderts

a) Die Druckzentren um 1850

Beginnt man etwa fünfzig Jahre später ähnliche Überlegungen wieder mit einer Betrachtung der rein örtlichen Verteilung, so lassen sich um die Mitte des 19. Jahrhunderts erhebliche Veränderungen feststellen: Der beherrschende Einfluß der Städte Hamburg und Augsburg ging verloren, ja in Hamburg ist die Druckerei sozusagen erloschen, und auch in Berlin büßt der Druck seine Bedeutung ein, während eine gewaltige Ausdehnung in Vorarlberg, Böhmen, um Wien und im Elsaß zu verzeichnen ist. In der Schweiz erlebt die Stoffdruckerei ebenfalls eine Glanzzeit; mehr als die quantitative Zunahme fällt dort allerdings die innerhalb des Landes vor sich gegangene Wanderung ins Auge, ein Vorgang, der durch einen Vergleich der Abb. 3 mit Abb. 2 verdeutlicht wird. Neu dazugekommen ist außerdem eine gewisse Konzentration im Rhein-Ruhr-Gebiet.
Vor einem eingehenden Vergleich mit dem Ausgangszeitpunkt ist jedoch die für die Druckereien neue Situation zu berücksichtigen: Die Betriebe sind um 1850, da inzwischen schon mehrere Arten von Druckmaschinen, wie Walzendruckmaschinen, Perrotinen, Leitenberginen, verwendet werden, keine reinen Handdruckereien mehr; die künstliche Beleuchtung beginnt sich Eingang zu verschaffen; und auch innerhalb des Produktionsprozesses gibt es Fortschritte. So werden neben der Chlorbleiche, die die Rasenbleiche schon weitgehend ersetzt, neue Farben und Druckverfahren angewandt und die Farbfixierung weiter entwickelt; überdies gehen von den den Druckereien sehr häufig angegliederten chemischen Laboratorien neue Anregungen aus, und selbst die Fortschritte der übrigen Wirtschaftszweige bleiben nicht ohne Einfluß auf die Textilveredlung. Unter diesen Umständen entfallen fast all die standortbildenden Faktoren, die früher als not-

[26] FORBERGER, RUDOLF, a.a.O., 26ff.

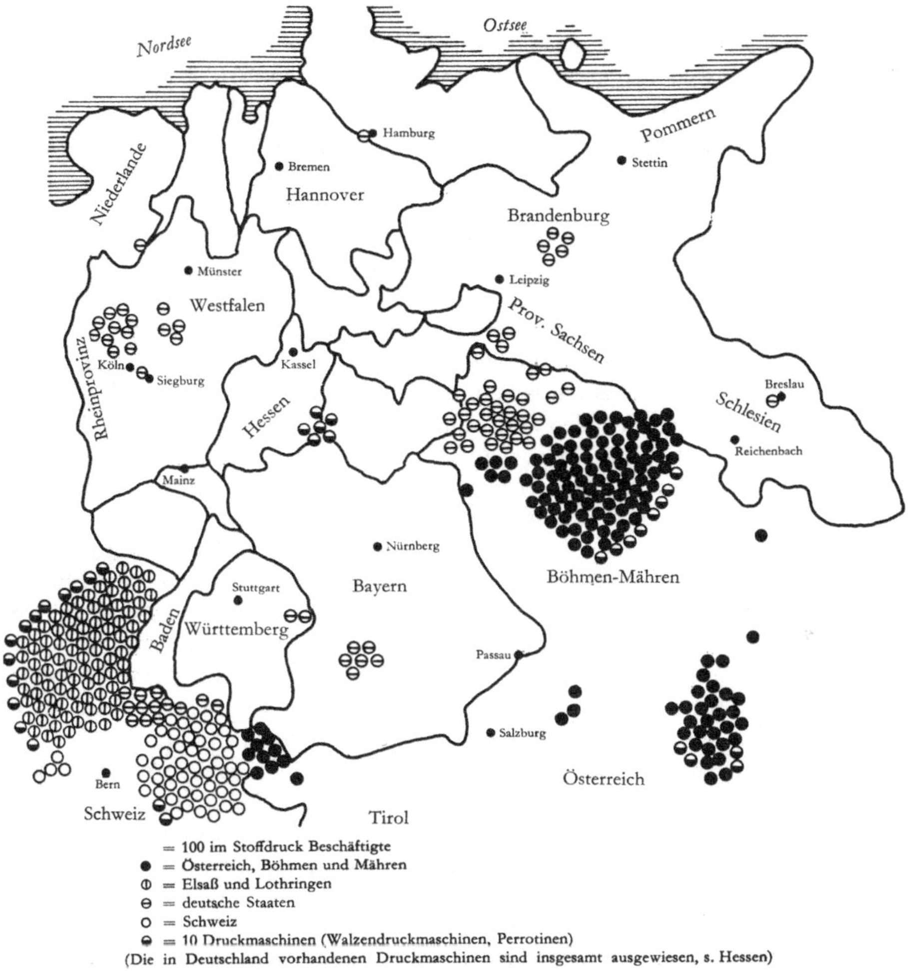

Abb. 3 Übersicht über die Standorte der mitteleuropäischen Stoffdruckereien um die Mitte des 19. Jahrhunderts

wendige Voraussetzung unentbehrlich schienen; lediglich die Abhängigkeit von der Wasserversorgung besteht weiter. Neu ist auch die Versorgung mit Rohgeweben, welche nun nicht mehr eingeführt werden, sondern aus der inzwischen mechanisierten europäischen Produktion stammen. Damit ist ein Zusammenhang zwischen der Druckerei und den ihr im Produktionsprozeß vorgelagerten Stufen hergestellt, und es beginnt ein Wettlauf um preiswerte Bezugsquellen für Rohgewebe. Naheliegend wäre, daß die den Druckzentren benachbarten Webereien diesen, unabhängig von den Staatsgrenzen, ihre Produktion anböten, doch durch die mittlerweile eingetretenen politischen Veränderungen werden ebenfalls neue Situationen geschaffen. So ändert die Bildung des Zollvereins durch die Aufhebung der innerdeutschen und die Gleichschaltung der Außenzölle die Bezugs-

und Absatzverhältnisse erneut, nachdem schon vorher die durch die napoleonische Ära[27] beeinflußten Entwicklungen und Verzerrungen hatten teilweise wieder korrigiert werden müssen. Dennoch erscheint die Wahl gerade dieses Zeitpunktes, der Jahrhundertmitte, nicht ungünstig, da seit den erwähnten Ereignissen bereits eine Reihe von Jahren verflossen ist und auch die durch den deutsch-französischen Krieg hervorgerufenen Anpassungsschwierigkeiten noch in weiter Ferne lagen.

Somit sind also für den Stoffdruck um die Mitte des 19. Jahrhunderts durch die veränderten wirtschaftlichen, technischen und politischen Gegebenheiten ganz andere Voraussetzungen bestimmend geworden als die, welche zu Beginn der Untersuchung charakteristisch waren. Als notwendigste, an den Fabrikationsort selbst gebundene Grundlage muß wieder die ausreichende Wasserversorgung erwähnt werden, sie ist unentbehrlich, und ihr Vorhandensein sowie die Verfügbarkeit über Arbeitskräfte reichen zur Gründung oder Weiterführung von Druckereien aus. Alle andern ökonomischen Faktoren spielen im Vergleich dazu eine untergeordnete Rolle; sie können die Standortwahl in diesem Zeitpunkt kaum wesentlich beeinflussen und passen sich unschwer an jene Daten an. Die früher erforderlichen Bleichwiesen und das erwünschte günstige Klima werden weitgehend durch die chemische Bleiche sowie entsprechende Trockenvorrichtungen ersetzt, und auch die unmittelbare Nähe der Kapitalgeber ist infolge der größeren Integration und der verbesserten verkehrsmäßigen Erschließung um 1850 entbehrlich. Selbst die Webereien als Lieferanten der Rohgewebe vermögen keinen Einfluß auszuüben; fast immer veranlassen die bereits bestehenden Druckereien die Errichtung von nicht allzu weit entfernten Webereien[28]. Damit soll jedoch keineswegs behauptet werden, daß die mechanische Weberei ihre Verbreitung ausschließlich den schon vorhandenen Druckereien verdankt; es wird lediglich darauf hingewiesen, daß damals die Industrialisierung nicht übereinstimmend mit dem Ablauf des Produktionsprozesses vor sich ging, sondern daß neben anderen Faktoren auch die industriell schon weiter fortgeschrittene, dem Konsum nähergelegene Druckerei die Mechanisierung ihrer Zulieferer beschleunigte. Eine ganz ähnliche Entwicklung vollzieht sich bei bestimmten Maschinen- und chemischen Fabriken[29]; letztere entstehen in den Zentren öfters in Anlehnung an Farbküchen und Laboratorien der Druckereien. Ebenso wichtig wie die Beschaffung des Roh- und Hilfsmaterials sind jedoch um die Jahrhundertmitte die Absatzmöglichkeiten

[27] Ein besonders einschneidendes Ereignis war durch die Kontinentalsperre gegeben, weil der Kontinent dadurch von der sehr fortschrittlichen englischen Kattundruckerei und ihrer Konkurrenz befreit war. Das führte zu einer gewaltigen Ausdehnung der mitteleuropäischen Produktion bis zur Aufhebung dieses künstlichen Schutzes. Andererseits brachten die Befreiungskriege gebietsweise erhebliche Produktionsausfälle.

[28] Eine Ausnahme hiervon bildet Plauen, wo eine Kattunduckerei gegründet wurde, damit die im Vogtland hergestellten Gewebe nicht außerhalb des Landes bedruckt werden mußten. Siehe auch Forberger, Rudolf, a. a. O., S. 173.

[29] Wie Bolliger, Arthur, a.a.O., S. 115, anführt, begünstigte die Nähe von Steinkohlen- und Roheisenlagern die Maschinenfabrikation und damit eine kapitalintensive Massenproduktion auch in der Druckerei (s. Großbritannien), doch waren zur Bildung von Druckzentren derartige Voraussetzungen keineswegs erforderlich.

für das Fertigerzeugnis, da – im Gegensatz zu früher, wo die vorhandene Nachfrage kaum befriedigt werden kann – jetzt meist ein großer Teil der umfangreichen Produktion den einheimischen Bedarf übersteigt und daher im Ausland verkauft werden muß.

Zur Erhärtung dieser Aussagen sollen einige Fakten aus jener Zeit angeführt werden. Es empfiehlt sich dabei allerdings, die Betrachtung nach Gebieten getrennt und nicht mehr global wie bisher vorzunehmen, da sich inzwischen in den einzelnen Zentren gewisse Sonderstellungen herausgebildet haben, die durchaus nicht für die gesamte Stoffdruckerei zutreffen.

Beginnt man mit dem Elsaß, das um 1850 in der Druckerei neben den im Durchschnitt größten Betrieben wohl die zahlreichsten Beschäftigten und auch Druckmaschinen aufzuweisen hat, während sich die bedeutendste Anzahl der Betriebe in der Schweiz und in Böhmen findet, so muß festgestellt werden, daß die führende Stellung erhalten, ja sogar ausgedehnt werden konnte. Dieses Ergebnis ist jedoch nur durch eine Spezialisierung auf besondere Qualitätsware erreicht worden[30]. Obwohl im Anschluß an die um 1800 vorhandenen Druckereien entsprechende Spinnereien, Webereien, Maschinenfabriken und chemische Betriebe errichtet worden sind, vermögen die elsässischen Unternehmen mit der englischen Massenproduktion, welche infolge der dort insgesamt sehr weit fortgeschrittenen Mechanisierung und Englands vorteilhafter Marktlage sehr preisgünstig erstellt werden kann, dennoch nicht zu konkurrieren, zumal auch ihre Produktionsmenge nur einen Bruchteil der englischen ausmacht. So versuchen sie, die höheren Rohgewebepreise und größeren Druckkosten durch eine Beschränkung der Produktion auf den »feineren Stoffdruck« zu kompensieren. Das Experiment gelingt, und bis in unsere Zeit sind diese Druckereien durch ihre hochwertigen Artikel bekannt.

In der Schweiz hingegen hat sich bis zur Jahrhundertmitte die bereits erwähnte eigenartige regionale Verschiebung vollzogen, bei der sich das Schwergewicht der Druckerei von der Westschweiz nach Osten verlagert. Die Gründe dafür sind mehr politischer als ökonomischer Natur. Innerstaatliche revolutionäre Wandlungen und die nachfolgenden napoleonischen Eingriffe mit ihren teilweise recht ungünstigen zolltariflichen Veränderungen lassen trotz maschineller Produktion die Bedeutung dieses Wirtschaftszweiges im Westen stark zurückgehen. Da zudem dort die Arbeitslöhne höher als in anderen Kantonen sind und auch die Vorstufe fehlt[31], erlischt mit der Aufhebung der preußischen Einfuhrvergünstigungen in diesem Gebiet der Stoffdruck fast ganz. Um die gleiche Zeit ist jedoch in dem auf Export angewiesenen Bergland der Ostschweiz, in Glarus, Appenzell, St. Gallen, eine umfangreiche Produktion vorhanden; sie kann auf bestehende gute Handelsbeziehungen und eine Hausweberei zurückgreifen. Viel wesentlicher ist aber auch hier die Spezialisierung. Durch eine im Handdruck hergestellte, abgepaßte[32],

[30] Jannasch, R., »Die europäische Baumwollindustrie und deren Produktionsbedingungen«, Berlin 1882, S. 100ff.

[31] Traupel, R., »Schweizerische Zeugdruckereien«, in: Ciba Rundschau, Basel, Nr. 97/1951, S. 3564ff.

[32] Bei den abgepaßten Artikeln handelt es sich im Gegensatz zur Meterware meist um Tücherdruck (Schals, Taschentücher, Halstücher, Decken, Türkenkappen etc.).

vielfarbige Ware, die auf der Maschine noch nicht erzeugt werden kann und die für Italien und den Orient bestimmt ist, wird auch um 1850 die Konkurrenz mit englischen oder elsässischen Unternehmen weitgehend vermieden und somit der Absatz gesichert.

Keinen eigenen Charakter weisen dagegen die benachbarten südbadischen und Vorarlberger Druckereien auf; ihre Produktion wird durch die angrenzenden Gebiete bestimmt. So gelten um die Jahrhundertmitte im badischen Grenzland bei einer kapitalmäßigen Verflechtung mit Mülhausen die gleichen Voraussetzungen wie im Elsaß; auch hier werden vor allem schwere Möbelstoffe und reich gemusterte Artikel hergestellt, während in Vorarlberg, wo die Unternehmen meist erst nach 1800 gegründet worden sind, der von Glarus beeinflußte Hand- und Tücherdruck vorherrscht. Die Errichtung und Weiterführung dieser Betriebe beruht vielfach auf einer Verbindung verschiedenartiger Interessen; der als Gegenmaßnahme gegen die Zollabgrenzungen unternommene Sprung über die Grenze schafft bei vergleichsweise geringer Konkurrenz günstige Absatz- und Erwerbsmöglichkeiten.

Auch die Veränderungen, die sich bis 1850 im sächsisch-böhmischen Gebiet vollzogen haben, gehen auf verschiedene Ursachen zurück. Sachsen, dessen Aufschwung zu Beginn des Jahrhunderts einem gleichzeitigen Rückgang des Kattundrucks in Hamburg und Augsburg entspricht – wie aus Abb. 3 ersichtlich –, hat keinen Anteil an dem gewaltigen Aufstieg in Böhmen bzw. Österreich. Die ungünstigen Zolltarife und andere, den sächsischen Stoffdruck beeinträchtigende Verhältnisse, wie relativ hohe Meßabgaben für einheimische Erzeugnisse, die Abneigung der Arbeiter gegen den Maschinendruck, Schutzzölle anderer Staaten etc.[33], veranlassen, daß verschiedene Unternehmen in die Nachbarstaaten abwandern, wo sie durch staatliche Unterstützungen und Schutzzölle gefördert werden. In manchen Städten Sachsens verschwindet der Stoffdruck sogar völlig. So entwickeln sich im benachbarten Österreich-Ungarn die günstig gelegene Gegend um Wien und vor allem Böhmen sehr bald zu bedeutenden Schwerpunkten, und schon ziemlich frühzeitig finden sich – im Gegensatz zur übrigen österreichischen Baumwollindustrie – in diesem Wirtschaftszweig Großbetriebe[34]. Die im Lande selbst hergestellten Druckstoffe bzw. ihre Beschaffenheit genügen jedoch trotz des großen Umfangs noch nicht allen Ansprüchen, und so werden zur Ergänzung mit Rücksicht auf die Zollbestimmungen vor allem Lohndruckaufträge nach Deutschland vergeben, durch die zeitweise mehr als 10% der deutschen Produktion festgelegt sind[35].

Zuletzt soll noch das Zentrum erwähnt werden, welches sich im 19. Jahrhundert im Gebiet des heutigen Nordrhein-Westfalen zu entfalten beginnt. Neben dem Seiden- und Futterstoffdruck ist hier um 1850 vor allem der maschinelle Blau-

[33] Gewerbeblatt für Sachsen, Industrielle Zustände Sachsens, 3. Heft, Chemnitz 1839/40, S. 192ff.

[34] LANDAUER, EDGAR, »Handel und Produktion in der Baumwollindustrie«, in: Archiv für Sozialwissenschaft und Sozialpolitik, Ergänzungsheft VII, Tübingen 1912.

[35] Unter anderem unveröffentlichte Firmenchroniken; Reichsenquête für die Baumwoll- und Leinenindustrie, Berlin 1878, Teil I und II.

und Biberdruck stark vertreten[36], ein Fabrikationszweig, der sich besonders aus den kleinen Handdruckereien entwickelt hat. Diese Produktion, bei der hauptsächlich Rohgewebe aus Westfalen und aus dem Rheinland verwendet werden, ist ebenso für das Inland wir für den Export bestimmt, und da für den Blaudruck eine gleichwertige ausländische Konkurrenz fehlt, bestehen bei einigermaßen unveränderten Verhältnissen in dieser Zeit keine schwerwiegendenAbsatzprobleme.

b) Die Situation in der Gegenwart

Die so entstandenen Schwerpunkte verändern sich auch in dem insgesamt recht wechselhaften Zeitraum der nun folgenden hundert Jahre trotz aller technischen und wirtschaftlichen Verbesserungen bis in unsere Tage nicht mehr wesentlich. Hervorzuheben ist jedoch die wachsende Bedeutung des rheinisch-westfälischen Raums. Dessen zunehmender Einfluß läßt sich wohl erstmals auf die in diesem Gebiet vorhandenen Vorstufen aller Art zurückführen, welche die Errichtung und Vergrößerung selbständiger Druckereien veranlassen oder einzelne Unternehmer zur Angliederung von Betriebsdruckereien anregen. Bisher war dieser Sachverhalt nie gegeben. Die angeführte Tendenz wird durch Abb. 4 bestätigt; darin ist die Standortverteilung der Stoffdruckereien in der Bundesrepublik Deutschland im Jahre 1959, gemessen am mengenmäßigen Ausstoß, wiedergegeben. Dieser Maßstab gestattet eine zuverlässigere Erfassung der gegenwärtigen Standorte als die bisher verwandten Größen Beschäftigte oder Druckmaschinenbestand. Gerade dadurch wird deutlich, daß das »jüngste«, doch immerhin schon 100 Jahre alte Zentrum nun das bedeutendste ist. Allerdings konnten die traditionellen Schwerpunkte ihre Stellung gleichfalls erhalten, wenn auch der Stoffdruck innerhalb der gesamten Textilindustrie nicht mehr die bedeutende Stellung einnimmt wie zu Beginn des 19. Jahrhunderts.
Faßt man nun die bei dem Überblick über die in den vergangenen 150 Jahren wirksam gewordenen Standortfaktoren sich ergebenden Eindrücke zusammen, so läßt sich sagen, daß als lange Zeit konstant gebliebener Faktor nur die ausreichende Wasserversorgung angesehen werden kann, alle anderen Standorteinflüsse ändern sich im Zeitablauf. Die Einwirkungen, die von der Material- und Kapitalbeschaffung wie auch von den Absatzmöglichkeiten auf die Standortwahl ausgehen, werden durch die jeweilige Entwicklung der übrigen Wirtschaftszweige sowie sehr häufig durch außerökonomische Faktoren bestimmt[37]. Diese exogenen Einflüsse fallen besonders deswegen ins Gewicht, weil die Kapazität der mitteleuropäischen Druckereien den Bedarf der in diesem Gebiet lebenden Bevölkerung schon bald erheblich übersteigt und so ein Wettlauf um zusätzliche Käufer begonnen werden muß.
Es sind also für eine Gesamtbetrachtung des Stoffdrucks unveränderliche Standortbedingungen nicht sehr bezeichnend; viel entscheidender ist die Beobachtung

[36] Unter anderem SCHMITZ-VELTIN, WILHELM, »Westfälischer Blaudruck in alter und neuer Zeit«, 2. Auflage, Münster 1942; KASPAR, KARL, a.a.O., S. 43ff.; Reichsenquête, a.a.O.
[37] Ins einzelne gehende Angaben folgen auf S. 37f.

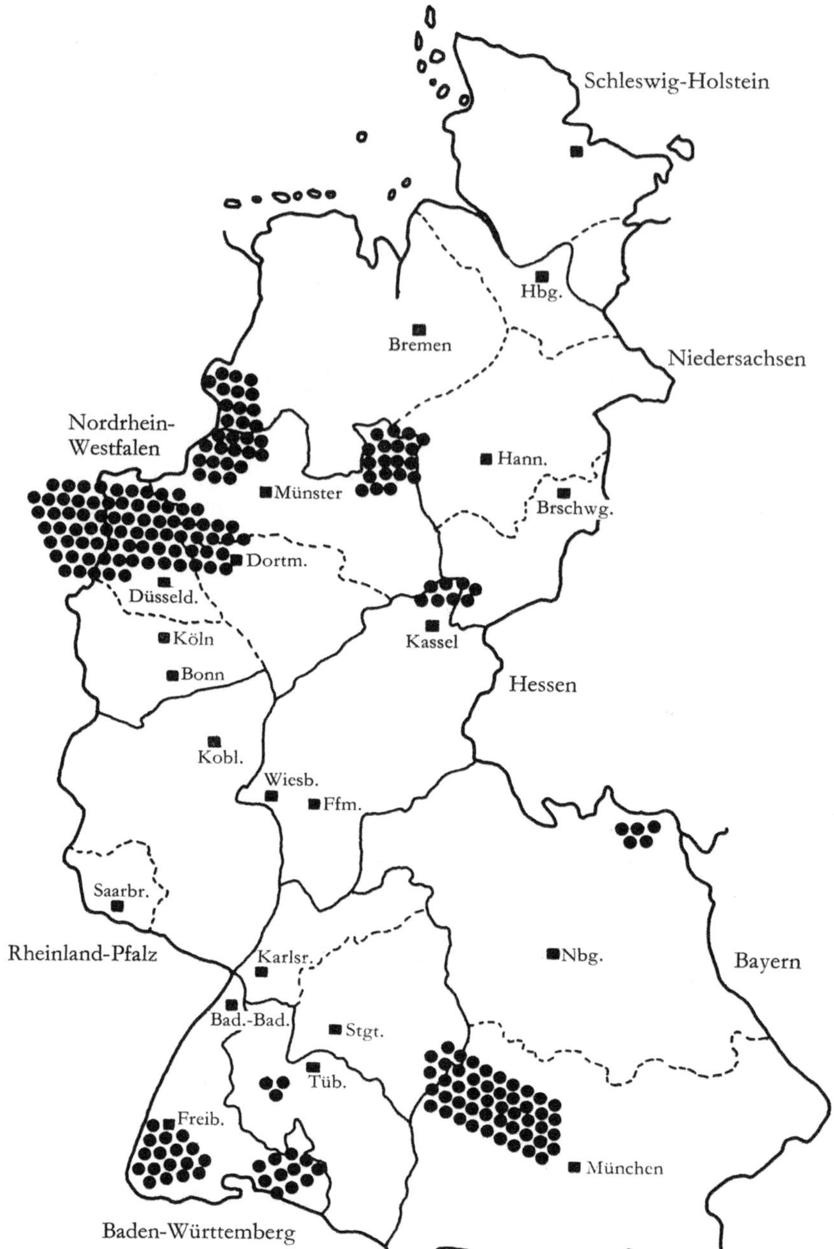

Abb. 4 Übersicht über die Standorte der Stoffdruckereien in der Bundesrepublik Deutschland im Jahre 1959
. = 2 Mio. m^2 Produktion
(Die hier zugrunde gelegten Produktionsmengen vermitteln ein genaueres Bild der heutigen Situation als die Zahl der Beschäftigten oder Betriebe. Aus Gründen der Geheimhaltung von Firmenangaben wurden kleinere Produktionsmengen den benachbarten Zentren zugerechnet.)

der von außen an diese Branche herangetragenen Einwirkungen, seien sie technischer, ökonomischer oder politischer Natur. Auch ein Vergleich mit der gesamten Textilindustrie dürfte wichtige Aufschlüsse geben, und daher werden sich die anschließenden Überlegungen diesen Bereichen zuwenden.

III. Die langfristigen technischen und ökonomischen Entwicklungen

1. Veränderungen der Produktionstechnik

Die bisherigen, im wesentlichen auf die Standortbildung ausgerichteten Überlegungen lassen schon recht deutlich werden, daß die Struktur der Stoffdruckereien im Jahre 1960 nicht mehr mit der des Zeugdrucks um 1800 übereinstimmt. Einige der diese Veränderungen hervorrufenden außerökonomischen Einwirkungen wurden dort bereits erwähnt, und so verbleiben für die sich anschließende Untersuchung vor allem die aus dem eigentlichen wirtschaftlichen Geschehen sich entwickelnden Einflußfaktoren. Ein Gesamtüberblick über diese ist leichter zu erlangen, wenn die Analyse für den Angebotsbereich und den Nachfragebereich getrennt durchgeführt wird, wenn auch in der Realität die einzelnen Bestimmungsgründe kaum einmal isoliert wirksam werden.

a) Entstehung und Weiterentwicklung der maschinellen Anlagen

Beginnt man, dem wirtschaftlichen Ablauf entsprechend, auf der Produktionsseite, so sind um 1800 als wichtigstes Handwerkszeug der alten Zeugdrucker die bereits erwähnten Model und Drucktische zu nennen. Der anfangs selten mehr als 2 m lange Drucktisch wird analog zur verbesserten Drucktechnik immer länger, und noch heute gibt es alte Handdrucktische, deren Länge 60 m übersteigt und die infolgedessen eine viel rationellere Produktion ermöglichten als die kurzen Drucktische. Die eigentliche Musterung wird durch die Model erzeugt, d. h. durch Holzplatten mit erhabener Zeichnung, die ähnlich wie unsere heutigen Stempel gehandhabt werden. Je nach der Anzahl der verwendeten Farben richtet sich auch die Zahl der Model; jede Farbe verlangt einen Druckstock, und erst deren Zusammensetzung ergibt das fertige Bild, das sich dann fortlaufend wiederholt. Mit der Zeit ersetzte man die sich schnell abnutzenden und leicht zu beschädigenden feinen Teile des Models durch Metallstifte und -linien, und für bestimmte Arten des Drucks[38] wurden lediglich Kupfer- und Messingplatten verwandt. Doch liegt es nahe, mit zunehmender Nachfrage auch eine rationellere Fertigungsmethode und

[38] Beim Golgas- und Berilldruck wurde mit Hilfe von Messingtafeln gedruckt, die teilweise erhitzt wurden, damit die Farben haltbarer waren. Siehe auch Reinking, Karl, »Die Entwicklung des Wolldrucks«, in: Melliand Textilberichte, Heidelberg 1928, S. 64ff., und Heiden, Max, a.a.O., Artikel »Golgasdruck«, »Berilldruck«.

nicht nur eine Vermehrung der vorhandenen Drucktische und Model anzustreben.

Daher bemüht man sich schon bald um die Mechanisierung des Druckvorganges, indem Maschinen konstruiert werden, welche die den Druckern einschließlich Streicherkindern[39] obliegenden Aufgaben übernehmen; wenn die Maschinen auch zuerst noch durch Menschenhand angetrieben werden müssen, so werden im Laufe der Zeit Dampf und Strom als Antriebskräfte eingeführt. Die einzelnen, im letzten Jahrhundert verwandten Maschinentypen variieren zwar entsprechend der Vielfalt der Produktion und der unterschiedlichen Mentalität der Erfinder, doch lassen sie sich in bestimmte Gruppen einordnen. Nach der Art der Druckform kann zwischen Reliefdruckmaschinen und solchen mit eingravierten Mustern unterschieden werden; wird jedoch mehr der technische Vorgang in den Vordergrund gestellt, so läßt sich in Plattendruckmaschinen einerseits und Rouleauxdruckmaschinen andererseits unterteilen. Es gibt aber in jener Zeit sowohl bei den Platten- als auch bei den Rouleauxdruckmaschinen solche mit erhabenen und andere mit eingravierten Mustern, da sich durch das jeweilige Druckverfahren die Farbgebung unterschiedlich gestalten läßt. Die heute kaum noch verwandte Plattendruckmaschine (u. a. Leitenbergine, Perrotine)[40] arbeitet im Prinzip wie ein Handdrucker: Im sogenannten intermittierenden Druckverfahren wird das Weiterlaufen des Stoffes unterbrochen, damit durch die mit Farbe bestrichenen Platten das Muster aufgetragen werden kann; danach schiebt sich der Stoff eine Plattenbreite weiter, und der Vorgang beginnt von neuem. Dabei ist schon bald ein mehrfarbiger Druck möglich, wenn auch am Anfang sehr häufig nur die Konturen einfarbig aufgedruckt und die erforderlichen Farben dann durch »Schildermädchen« mit der Hand eingepaßt werden. Bei der Walzen- oder Rouleauxdruckmaschine dagegen, die, abgesehen von einigen Verbesserungen, noch heute verwendet wird, vollzieht sich das Bedrucken des Gewebes in der Regel fortlaufend, indem die mit Farbe versehenen Druckwalzen unaufhörlich die Musterung auf den Stoff aufbringen. Wichtig ist jedoch bei jedem Maschinentyp auch heute die Beachtung der Rapportgröße, d. h. das Ausmaß des Musters ist an den Walzenumfang oder die Plattengröße gebunden; es kann die gegebene Größe nicht überschreiten oder muß sich mehrere Male vollständig darauf wiederholen. Die Modeldrucker konnten im Gegensatz dazu sehr viele Druckstücke aneinanderreihen und folglich beliebig große Muster drucken.

Je nach Muster, Stoffart, Stand der technischen Entwicklung usw. ist natürlich das Leistungsvermögen der einzelnen Maschinenarten in verschiedenen Zeitabschnitten unterschiedlich, auch bedruckt jeder Maschinentyp im gleichen Zeitpunkt der Betrachtung andere Mengen. Die Ausbringung schwankt in den vergangenen hundert Jahren je nach Farbenzahl durchschnittlich zwischen 40 m und

[39] Die Streicherkinder, welche die Farbchâssis bedienten und die Druckformen mit Farbe versahen, waren unentbehrlich. Zeitweise rechnete man auf jeden Drucker einen Streichjungen.

[40] Die Perrotine wurde 1834 von Perrot in Rouen erfunden, also erheblich später als die Walzendruckmaschinen, die 1785 entstand. Siehe auch Gewerbeblatt für Sachsen, a.a.O., S. 207

450 m pro Maschinenlauf-Stunde[41], während durch Handdruck in der gleichen Zeit etwa 6–7 m Stoff bedruckt werden können. Die erste Angabe gilt für die handgetriebene Rayé-Maschine, die dann folgende für die modernen Rouleauxmaschinen. In der BR Deutschland wurden im Jahre 1959 auf der Rouleauxmaschine im Durchschnitt 367 m² pro Maschinenlauf-Stunde bedruckt[42]. Die rein technische Leistungsfähigkeit einer Maschine ist in der Gegenwart erheblich größer[43], doch können wegen der Verschiedenartigkeit der Muster, der saisonbedingten Musterungszeiten und der verhältnismäßig großen Stillstandszeiten – die reine Produktionszeit beträgt nur 28%[44] – bei einer Gesamtbetrachtung nur Durchschnittsgrößen herangezogen werden. Aus den angeführten Tatsachen ergibt sich jedoch eindeutig, daß für eine Mechanisierung des Druckvorganges neben den Kostengesichtspunkten auch ausreichende Absatzmöglichkeiten wesentlich sind. Außerdem ist die Wirtschaftlichkeit dieser großen Maschinen infolge der langen Stillstandszeiten und der hohen, mit dem Drucken verbundenen Kosten nur dann gesichert, wenn große Mengen des gleichen Dessins gedruckt werden können. Gerade in unserer Zeit sind aber häufig derartig große Partien nicht gefragt. So hat das nach dem ersten Weltkrieg in Deutschland eingeführte Filmdruckverfahren, das auch kleinere Aufträge noch rentabel sein läßt, inzwischen größere Bedeutung erlangt, zumal nun bereits automatische Filmdruckmaschinen angeboten werden, von denen in Deutschland heute etwa 70–80 in Betrieb sind. Diese Filmdruckmaschinen verwenden an Stelle von Walzen oder Platten Schablonen, d. h. mit Seiden-, Bronze- oder Nylongaze bespannte Stahlrahmen. Die nicht zum Muster gehörenden Flächen der Schablonen werden mit einer farbundurchlässigen Schutzmasse versehen, und eine über die Schablonen geführte Rakel läßt die Farben durch die nicht abgedeckten Stellen auf das Gewebe gelangen. Auch hier stimmt wieder die Anzahl der Schablonen mit der Zahl der gewünschten Farben überein. Die im Vergleich zur Walzengravur niedrigen Schablonenherstellungskosten, die leuchtenden Farben und die Möglichkeit großflächiger Muster tragen zur weiten Verbreitung des an sich kostspieligeren Druckverfahrens gleichfalls bei. Heute werden in Deutschland hauptsächlich Rouleaux- und Filmdruckmaschinen verwandt (ca. 85% sind Rouleauxdruck), und nur in wenigen, mehr kunstgewerblich eingerichteten Betrieben wird noch mit der Hand gedruckt.

Doch die im Verlauf von etwa 150 Jahren durch den Maschineneinsatz angestrebte Beschleunigung des Druckvorgangs erweist sich nur dann als nützlich, wenn außerdem der Ausbau der vor und nach dem Drucken erforderlichen Hand-

[41] Vgl. Jenny-Trümpy, Adolf, »Handel und Industrie des Kantons Glarus«, 2. Teil, Glarus 1900, S. 557; Bolliger, Arthur, a.a.O., S. 56; Saur, Manfred, »Kosten- und Absatzprobleme in der deutschen Textilveredlungsindustrie«, Stuttgart 1956; Levy, Robert, a.a.O., S. 138.

[42] Mandt, Thomas, »Strukturanalyse des Stoffdrucks in der Bundesrepublik Deutschland 1959«, Münster 1960, S. 33.

[43] Wie Franken, Albert, »Apparative Probleme und Walzengravur«, in: Ciba-Rundschau Nr. 135, Basel 1957, S. 21–29, angibt, kann eine Rouleauxmaschine technisch bis 80 m/min drucken. Daher ist eine Erhöhung der Druckgeschwindigkeit weniger sinnvoll als eine Verkürzung der Rüstzeit.

[44] Mandt, Thomas, a.a.O., S. 37; Saur, Manfred, a.a.O.

reichungen entsprechend vorangetrieben wird. Die um 1800 meist im Freien vorgenommenen Tätigkeiten, wie Waschen, Bleichen, Trocknen, Glätten etc., müssen in angemessener Weise weiterentwickelt und auch die Nachbehandlung der bedruckten Stoffe, die so wichtig ist wie der eigentliche Druck, technisch der vergrößerten Produktion angepaßt werden. Die Trockentürme in den alten Druckzentren weichen so einer Farbfixierung durch Dampf oder Entwicklungsbäder, und erst die Erfindung und Verbreitung von neuzeitlichen Dämpfern, Waschmaschinen, Trockenvorrichtungen, Appreturmaschinen usw. macht die vergrößerte Leistungsfähigkeit der Druckmaschinen voll wirksam. Eine solche maschinelle Einrichtung fordert aber durch die vergrößerten Rohstoff- und Fertigwarenlager, den wachsenden Kundenkreis, den erhöhten Kapitalbedarf und manches andere die Abkehr vom Handwerksbetrieb und fördert somit die Entstehung größerer Unternehmen. Doch mit dem Aufkommen des Filmdrucks im 20. Jahrhundert, der auch bei kleineren Aufträgen noch rentabel ist, gewinnen daneben kleinere Betriebe wieder an Bedeutung, so daß heute beide Arten nebeneinander bestehen und eine gewisse Dezentralisierung zu verzeichnen ist.

b) Die Veränderungen bei der Verwendung des Rohmaterials

In ähnlicher Weise wie die technische Einrichtung unterliegen auch die für den Druckprozeß erforderlichen Roh- und Hilfsstoffe einer Weiterentwicklung. Die im 18. Jahrhundert beim Tafeldruck verwendeten Wasserfarben stellen im Vergleich zu den vorher benutzten Ölfarben, bei welchem sich durch die Zersetzung der Farben an der Luft nach einiger Zeit auf dem Gewebe Ränder und Flecken bildeten, schon eine Verbesserung dar; doch besitzen auch alle durch das neue Verfahren bemusterten Gewebe noch keine Widerstandsfähigkeit gegen Wasser und Licht. Infolgedessen werden die in der Färberei schon seit langem bekannten, zum mehrfarbigen Druck aber kaum verwendbaren einheimischen pflanzlichen Farbstoffe bald durch Indigo und andere ausländische Farbhölzer ersetzt und dadurch gleichzeitig die Farbskala erweitert. Die Farbechtheit war bei Rot und Blau[45] am größten, und deshalb legte man in jener frühen Periode mehr Wert auf Abwechslung bei den Mustern als auf große Vielfarbigkeit. Auf die verschiedensten Arten wird versucht, die Haltbarkeit der Farben zu vergrößern, sei es durch die Verwendung andersartiger Verdickungsmittel oder Beizen oder durch den Zusatz neuer Säuren und Salze. Zu Beginn des 19. Jahrhunderts kommen so der Lapisdruck, die Weiß- oder Buntätze von Türkischrot-Artikeln und auch der Dampfdruck auf[46], alles Verfahren, die dem Stoffdruck einen großen Aufschwung bringen. Einen ganz entscheidenden Einfluß übt dann in der zweiten Jahrhunderthälfte die Erfindung der Teerfarbstoffe aus: Sie verändern nach ihrer allgemeinen Einführung gegen 1870 durch den nun ausführbaren echten Direktdruck vor allem den ganzen technischen Druckprozeß und fordern infolge ihrer Billigkeit

[45] Krapp und Indigo.

[46] Unter anderem BOLLIGER, ARTHUR, a.a.O., S. 12; SCHWEN, G., »Die Entwicklung der Textilveredlung von der Zeit Maria-Theresias bis heute«, in: Melliand Textilberichte, Heidelberg 1959, S. 51ff.

gegen Ende des 19. Jahrhunderts ein endgültiges Abrücken von den Naturprodukten Indigo und Krapp. Viele Unternehmer, die sich nicht auf die neuen Verfahren einstellen, scheiden dadurch aus dem Wettbewerb aus. Gleichzeitig kann durch die Verwendung dieser einfacher zu handhabenden synthetischen Farbstoffe der Produktionsprozeß verbilligt und damit der Kreis der Abnehmer vergrößert werden. Zu Beginn des 20. Jahrhunderts wird dann mit der Erfindung der Indanthrenfarben[47] ein weiterer Grad der Farbechtheit erreicht, wenn auch jene Farbstoffe anfänglich noch recht teuer sind. Das Aufkommen der Kunstseide und später der Synthetics etc. verlangt schließlich ebenfalls die Entwicklung entsprechender Druckverfahren; dazu kommt in den dreißiger Jahren der Auf- und Ausbau der Hochveredlung, die wiederum eine schnelle Anpassung an die vielseitigen Möglichkeiten verlangt.
Als ein den ganzen betrachteten Zeitraum bestimmendes Merkmal ist auch von der farbtechnischen Seite her die Abkehr von den kleinen, im 18. Jahrhundert vorherrschenden Einzelbetrieben und die Hinwendung zu größeren, arbeitsteilig produzierenden Unternehmen gegeben. Die durch Ausprobieren entstandenen und durch Generationen weitervererbten Rezepte und Geheimmischungen des einzelnen Druckers, die ihm zumindest regional eine Art Monopolstellung gesichert hatten, werden durch die Fortschritte der Farbchemie entbehrlich, während die den Druckereien angegliederten Laboratorien immer mehr an Bedeutung gewinnen. Sehr häufig gewährt eine Erfindung des »Hauschemikers« im 19. Jahrhundert für einige Jahre einen Vorsprung gegenüber anderen Unternehmern[48]. Daneben entwickelt sich aber bald eine selbständige chemische Industrie, die die fabrikmäßige Herstellung der Farbstoffe usw. betreibt und auch die Rezepturen liefert. Damit entfällt jedoch auch ein Teil der bisher für den Druckvorgang so wesentlichen schöpferischen Betätigung des einzelnen, und der Stoffdruck wird immer mehr zum von allen erlernbaren Gewerbe, ein Vorgang, der mit jeder Industrialisierung verbunden ist. Durch Entwurf und Auswahl der Dessins bleibt aber bis in unsere Zeit dennoch ein Teil der Individualität eines Unternehmens erhalten. Im übrigen übersteigt auch der ständig durch neue Rohstoffe und Verfahren schwieriger gewordene Produktionsprozeß die Leistungsfähigkeit eines einzelnen oder einiger weniger und fordert die Spezialisierung. Gleichzeitig erzwingt die farb- und maschinentechnische Vereinheitlichung der Produktion, die erst bei größerem Ausstoß rationell wird, eine Vergrößerung des Abnehmerkreises.
Etwas stetiger verläuft die Entwicklung bei den Rohgeweben. Als wenn gleichsam der lebhafte Aufschwung auf dem technischen und farbchemischen Sektor alle Kräfte beanspruchte, bleibt das hauptsächlich verwandte Material die Baumwolle; noch heute haben etwa 60%[49] der bedruckten Gewebe Baumwollketten. Der Wolldruck erhält erst nach 1830 infolge der nun möglichen Chlorierung der Wolle größere Bedeutung, und einige Jahre danach gewinnen die Mischgewebe an Einfluß: Zuerst wird mit Wolle verwebte Seide bedruckt, später außerdem eine Ver-

[47] SCHWEN, G., a.a.O., S. 51f.
[48] Unter anderem BLUMER, U. FERD., a.a.O., S. 27f.
[49] Nach Angaben aus »Die Textilindustrie der Bundesrepublik Deutschland«, Frankfurt 1952–1960.

bindung von Baumwolle mit Leinen. Doch neben dem Seiden- und Wolldruck nimmt in der zweiten Hälfte des 19. Jahrhunderts die Vielfalt der Baumwollstoffe zu und erhält so diesen Geweben die Gunst der Konsumenten. Etwa um 1926–1928 erscheinen dann die ersten Baumwoll-Kunstseide-Gewebe, die sich jedoch zuerst nicht durchsetzen können, weil bei den Verbrauchern bekannt ist, daß gewisse Kunstseidenfäden sehr leicht brennen[50]. In den folgenden Jahren tritt die Zellwolle immer mehr in den Vordergrund und vermindert den Wollmusselindruck erheblich; sie verdankt ihre schnelle Einführung zum Teil der in Deutschland staatlich angeordneten Herabsetzung des Baumwollverbrauchs und einem Beimischungszwang für Zellwolle. In einigen Ländern allerdings werden Kunstseide und Zellwolle als Luxusgewebe angesehen, und infolge hoher Einfuhrzölle werden dorthin vor allem Baumwolldrucke exportiert. Der ausgeprägte Gegensatz zwischen Seiden- und Baumwolldruckern führt nach 1932 zu einem heftigen Konkurrenzkampf zwischen beiden Gruppen, als jeweils Kunstseide- und Zellwollrohgewebe seiden- bzw. baumwollähnlich ausgerüstet und folglich zu unterschiedlichen Preisen angeboten werden. Nach dem zweiten Weltkrieg verwendet man hauptsächlich Rohgewebe aus Baumwolle und Zellwolle (ca. 90%), daneben erscheint als Neuheit nach 1945 der Nylon- und Perlondruck. Die Verbreitung der völlig andersartigen synthetischen Gewebe verlangt auch vom Drucker die Entwicklung neuer Verfahren, und die Verarbeitung neuer Fasern oder der Gebrauch von Rohgeweben, bei denen das verschiedenartigste Material verarbeitet wird, stellen auch heute dem Drucker ständig ungewöhnliche Aufgaben. Ein Beispiel für eine derartige Anpassung ist auch der in den letzten Jahren zunehmende Gewirkedruck.

2. Der Ausbau der Absatzmärkte

So wichtig auch die Hervorhebung produktionstechnischer Verbesserungen im weitesten Sinn ist, so nützen doch alle derartigen Fortschritte wenig, wenn nicht gleichzeitig eine entsprechende Zunahme der Nachfrage verzeichnet werden kann. Indes ist auch die Art dieser Nachfrage von Belang, und zwar insofern, als die angebotenen Güter rein rezeptiv, d. h. je nach dem vorhandenen Angebot gekauft werden können oder als von den Wünschen der Käufer wiederum Impulse auf die Produktion ausgehen können. Bei allen dieserhalb anzustellenden Überlegungen lassen sich jedoch die im Ausgangszeitpunkt der Untersuchung geltenden Bedingungen nicht ohne weiteres mit Tatbeständen vergleichen, wie sie etwa in der zweiten Hälfte des letzten Jahrhunderts und später gegeben sind. Die um 1800 völlig andersartigen Verhältnisse verbieten eine Aufteilung der Nachfrage in Inlands- und Auslandsnachfrage, da infolge der teilweise doch recht kleinen Staatsgebilde der Außenhandel dann riesengroße Ausmaße annehmen müßte, weil beispielsweise schon ein Verkauf von Augsburger Waren an Münchner Kaufleute dem Export zuzurechnen wäre. Richtiger ist es daher, zumindest bis zum Wirk-

[50] Nach erhaltener Auskunft.

samwerden des deutschen Zollvereins, dem Warenaustausch im mitteleuropäischen Bereich einen solchen nach den Gebieten gegenüberzustellen, die außerhalb liegen, seien es Skandinavien, der Vordere Orient oder Übersee. Damit können auch die sich aus dem Wiener Frieden ergebenden Folgen politischer und wirtschaftlicher Veränderungen[51] unberücksichtigt bleiben. Es ist also der in einzelne Teilbereiche aufgegliederten Überlegung ein Überblick über die bis etwa 1830 die Nachfrage bestimmenden Faktoren vorauszuschicken.

a) Die Marktlage und der Wandel der Marktverhältnisse zu Beginn des 19. Jahrhunderts

Geht man von der durch den damaligen Zeitgeschmack hervorgerufenen Ausbreitung der Druckereien im 18. Jahrhundert aus, so darf wohl unterstellt werden, daß – mit Ausnahme des Blaudrucks – in jenen Anfangszeiten die Käufer vermutlich alles annehmen, was ihnen an bedruckten Stoffen angeboten wird, wenn es nur in etwa dem von Indien beeinflußten Stil entspricht und nicht ungewöhnlich teuer ist. Mit wachsender Produktion und damit auch zunehmenden Auswahlmöglichkeiten können auch die Ansprüche der Käufer steigen, und spätestens von diesem Zeitpunkt an geht von der Nachfrageseite ein Einfluß aus. Die Stärke dieses Einflusses ist in den einzelnen Zeiträumen unterschiedlich, denn sehr häufig sind außerökonomische Faktoren mächtiger als die Forderungen der Abnehmer. Politische Streitigkeiten, Kriege etc. schließen nicht selten große Gebiete vom gegenseitigen Handel aus, und durch die dann als Ersatz beschafften Rohgewebe oder Farbstoffe wird die Qualität der angebotenen Waren und damit die Nachfrage bestimmt. So können infolge der Kontinentalsperre die sonst in Norddeutschland verkauften englischen Druckkattune nicht beschafft werden, und die Konsumenten müssen sich mit einheimischen Erzeugnissen begnügen, wobei berichtet wird, daß beispielsweise die sächsischen Artikel zwar weniger schön, aber dafür auch billiger gewesen seien[52]. Dementsprechend veranlaßt der vorhandene innereuropäische Bedarf eine erhebliche Ausweitung der Produktion. Doch schon im Jahre 1810 verlieren die meisten nach Italien liefernden Unternehmen diesen Markt, weil Napoleon den Distrikt durch Schutzzölle abschließt, damit er den französischen Druckern vorbehalten bleibt. Jede derartige Veränderung ruft aber zumindest vorübergehende Schwierigkeiten hervor, selbst dann, wenn gleichzeitig ein neues Absatzgebiet erschlossen werden kann, weil die für eine bestimmte Bevölkerung hergestellten Druckstoffe höchstens noch das Gefallen ihrer Nachbarn finden können, nicht aber das von Menschen mit völlig anderen Lebensbedingungen. Das wird besonders durch die zunehmende Nachfrage von seiten der Russen, Polen, Türken, Perser deutlich[53]. Für diese Märkte muß eine eigene Kollektion

[51] So wurde die seit langem unter französischer Schutzherrschaft stehende Schweiz ein neutraler Staatenbund. Das hatte Auswirkungen auf die Schweizer Ausfuhr nach Frankreich, weil von nun an höhere Einfuhrzölle erhoben wurden; s. auch S. 27. Auch die vorübergehende Abtretung Vorarlbergs an Bayern durch Österreich kann dann ebenso übergangen werden wie der österreichische Einfluß in Südbaden.

[52] Gewerbeblatt für Sachsen, a.a.O., S. 178.

[53] Gewerbeblatt für Sachsen, a.a.O., S. 178f. und 186.

zusammengestellt werden, eine Aufgabe, die früher entfiel, weil bis etwa zum Beginn des 19. Jahrhunderts die Produktion fast ausschließlich auf Europa ausgerichtet ist und erst danach die Ausdehnung beginnt. Diese geht dann allerdings so rasch vor sich, daß bald schon ein großer Teil der Gesamterzeugung außerhalb Mitteleuropas verbraucht wird, wobei natürlich Unterschiede zwischen einzelnen Ländern und Unternehmen bestehen. Für den Kontinent sind als ausgesprochen modische Neuheiten jener Zeit die Merinodrucke und der Bilderdruck auf Tüchern zu nennen. Die »Merinos« werden am Stück oder als Schals veräußert, und der Verkaufspreis liegt in der Schweiz bei etwa 8 Fr./m bzw. 5 Fr./Stück[54]. Den Bilddrucken legt man hauptsächlich aktuelle Begebenheiten, wie Abbildungen NAPOLEONS, der Schlacht von Waterloo etc., zugrunde[55], und die meist dunkelbunten Tücher erfreuen sich bei der tabakschnupfenden Männerwelt und vor allem den Ehefrauen großer Beliebtheit.

b) Der Inlandsverbrauch

Um die Zeit der Entstehung des deutschen Zollvereins ist infolge des vergrößerten deutschen Absatzgebietes eine Belebung beim Stoffdruck festzustellen. Noch immer sind neben den Baumwollwaren Wolldrucke, und zwar besonders Wollmusseline gefragt, ferner Baumwollartikel, deren eingewebte Streifen oder Karos ein zusätzliches Bedrucken nicht ausschließen[56], und außerdem schön gemusterte Möbelstoffe. Bald darauf trägt man Herrenhemden, die durch Abbildungen von Büchern, Pferden etc. geschmückt sind, eine Mode, die sich nach 1880 wiederholt, dann aber auch die Kleiderstoffe erfaßt[57]. Dem durch die Revolutionen um die Jahrhundertmitte bedingten Nachfragerückgang folgt eine Zeit ohne besondere, vom inländischen Markt ausgehende Einflüsse, denn die wesentlichen Expansionsmöglichkeiten gewährt jetzt der Export. Dennoch ist bei Kleiderstoffen eine Vorliebe für Wollstoffe zu verzeichnen, und auch die in der Schweiz bedruckten Taschentücher finden großen Anklang. Ein ausgesprochen modischer Einfluß ist dann nach 1875 zu entdecken: Die bisher vorherrschenden reich gemusterten Kleiderstoffe werden durch einfache farbige Gewebe, die teilweise von den Buntwebereien hergestellt werden, ersetzt, und bei den Möbelstoffen herrscht der altdeutsche Stil vor. Die Geschmackswandlung führt sowohl zu Schleuderverkäufen als auch zu beträchtlichen Lagerbeständen, vor allem aber zu einem Produktionsrückgang, der manchmal einen Anteil von 20% überschreitet[58]. Da neben der erwähnten modischen Entwicklung eine im allgemeinen größere Druckkapazität weitere Produktionsmöglichkeiten schafft, wird die Konkurrenz der Drucker untereinander um den nicht einmal die Hälfte der Erzeugung aufnehmenden Inlandsmarkt erheblich verschärft[59]. Firmen, die traditionelle Artikel, wie Schürzen-,

[54] Aus einer unveröffentlichten Firmenchronik.
[55] BLUMER, U. FERD., a.a.O., S. 20.
[56] Aus unveröffentlichten Firmenchroniken.
[57] Unveröffentlichten Angaben entnommen.
[58] Reichsenquête, a.a.O., 2. Sitzung.
[59] Unabhängig davon vergrößern sich durch das seit 1871 zu Deutschland gehörende Reichsland Elsaß-Lothringen die innerdeutschen Druckkapazitäten um 100%.

Hemden-, Steppdeckenstoffe etc., herstellen, stehen die den Druckstoffen ungünstige Mode besser durch als rein modisch ausgerichtete Unternehmen. Auch der weniger modeabhängige Blaudruck, der jetzt größtenteils durch Druckmaschinen ausgeführt wird, ist geringeren Schwankungen ausgesetzt. So versuchen manche Fabrikanten, für eine Übergangszeit auf derartige Artikel auszuweichen; gleichzeitig geht man auf die Erzeugung bedruckter Bettzeuge über, eine Ware, die bisher nur in Webereien hergestellt wurde. Selbst der Absatz der in der Schweiz und im Ruhrgebiet gut eingeführten Taschentuchdrucker geht zurück, weil die Mehrzahl der Konsumenten derartige Tücher als Luxusgegenstände betrachtet[60]. Der dann wieder zunehmenden Inlandsnachfrage folgt aber schon gegen Ende des 19. Jahrhunderts ein neuer Rückgang; trotz des erweiterten Sortiments bevorzugen die Verbraucher einfarbige Stoffe, und noch um 1910 werden weiße oder unifarbene Gewebe den bedruckten vorgezogen. Doch sehr schnell tritt jetzt eine Erholung ein; man trägt als modische Neuheit bedruckte Japanseide, ferner Wollmusselin, Wollkrepp, Baumwollvoile und Organdy[61]. Dafür geht nun der Absatz in traditionellen Waren zurück, obwohl im allgemeinen bei Stapelwaren kein starker modischer Einfluß festgestellt werden kann. Nach der durch den ersten Weltkrieg bedingten Rationierung und der in Deutschland durch die Inflation hervorgerufenen Beschränkung beginnt sich wieder eine gewisse modische Linie durchzusetzen. Neben Baumwollgeweben (Kretonne und Kattune) stehen die Wolldrucke im Vordergrund, wobei bei Kleider- und Blusenstoffen etwa zwei Jahre lang ägyptische Dessins einen erheblichen Einfluß haben. Große Nachfrage besteht auch nach mit Stickereiimitationen bedruckten, doppelt breiten Wollvoiles[62]; die Abnehmer der Druckereien sind dabei vielfach die Grossisten, zum Teil aber auch Einzelhändler. Doch schon um 1927 werden bedruckte Kleider- und Wäschestoffe von den Konsumenten erneut vernachlässigt, da die sächsischen Buntwebereien sehr schön gestreifte und karierte Artikel mit Baumwollkette und Kunstseidenschuß auf den Markt bringen, die außerordentlich gut abgesetzt werden können. Durch diesen hauptsächlich Streifen bevorzugenden Zeitgeschmack geht es den Druckereien ausgesprochen schlecht, denn modische Waren werden von ihnen nicht verlangt, und sie sind auf das Stapelgeschäft angewiesen. Einen kleinen Ausgleich kann nur die Winterkollektion schaffen, die die praktisch zeitlose Ware, wie bedruckten Velour, Nachtjackenbarchente und Flanelle, umfaßt. Unternehmer, die diese Artikel seit langem in der Kollektion führen, können sich vor allem durch den Absatz in Gebiete östlich der Elbe etwas helfen, wenn auch das Überangebot an Standardartikeln keinen angemessenen Ertrag zuläßt. Für die hochmodischen Druckereien dagegen ist die Situation besorgniserregend, besonders seit auch die Wollmusseline und -voile nicht mehr verlangt werden. Hier ist wieder einmal ganz deutlich erkennbar, daß bei den Stoffdruckereien beachtliche Unterschiede bestehen und daß sich infolgedessen für den gleichen Zeitpunkt verschiedene Aussagen machen lassen, je nachdem, ob die Branche insgesamt oder ein einzelnes spezialisiertes Unternehmen betrachtet wird. Durch die

[60] Reichsenquête, a.a.O., 11. Sitzung.
[61] Aus unveröffentlichten Firmenchroniken entnommen.
[62] Lt. persönlich erhaltener Auskunft, ebenso die folgenden Angaben.

zunehmende Verwendung der im Verhältnis zur Seide preiswerten Kunstseide wächst dann auch die Kauflust der Konsumenten, doch schon die Weltwirtschaftskrise bringt einen Kaufkraftausfall und damit einen erheblichen Absatzrückgang. Die wiederum einsetzende Nachfrage nach Wollmusselinen führt zu einer beträchtlichen Rohgewebeknappheit, obwohl man allmählich beginnt, Zellwolle vorzuziehen. In diesem Augenblick wird in Deutschland erneut die Macht der Verbraucher über die Produzenten deutlich: Die von vielen Seiten beeinflußte Damenwelt verzichtet zugunsten der in jener Zeit vertretenen Autarkiepolitik auf den Kauf bedruckter Wollstoffe; einen gewissen Ersatz dafür stellen die durch die bessere Waschbarkeit gut absetzbaren Zellwollstoffe dar. Dadurch wird das Geschäft einer ganzen Saison bestimmt. Ein großer Teil der bereits bedruckten Wollware kann nur noch uni eingefärbt und weit unter Preis abgesetzt werden. Nach dem zweiten Weltkrieg schaffen der Nachholbedarf und die neuen Ausrüstungsverfahren auch für Druckstoffe eine starke Inlandsnachfrage, eine Entwicklung, die durch die Koreakrise noch unterstützt wird. Neuartige Artikel, wie Nylon- und Perlondrucke, Flockdruck, Kräuselkrepp etc., versuchen, den Käufer anzulocken, doch ruft der allmählich gesättigte Inlandsmarkt volle Lager und zeitweise Kurzarbeit hervor. Wenn auch in den Jahren 1955/56 dann eine dem Druck ausgesprochen günstige Mode zu verzeichnen ist, so geht durch die zunehmenden Importe, die vergrößerten Druckkapazitäten und den dadurch stärkeren Wettbewerb für die deutschen Unternehmer doch insgesamt der bisher gesicherte Absatz auf dem Inlandsmarkt verloren, ja mit der Liberalisierung der Einfuhr wird ein durch Jahrzehnte vorhandenes »Gewohnheitsrecht« aufgehoben, da bis dahin der heimische Markt Ausländern kaum zugänglich war.
All diese Überlegungen zeigen, daß die Aufnahmefähigkeit des Inlandes im Zeitablauf nicht so variabel ist wie die Leistungsfähigkeit der Druckereien. Die überzähligen Kapazitäten können folglich nur durch die Produktion für den Außenhandel beschäftigt werden. Das bedeutet für die Gesamtheit der Stoffdrucker, daß mit zunehmenden Produktionsmöglichkeiten neue Absatzmärkte gefunden werden müssen, während es für den einzelnen Unternehmer genügen mag, durch eine Neuheit seinen Marktanteil im In- oder Ausland zu erhalten oder zu vergrößern.

c) Die Entwicklung des Außenhandels

Die schon mehrfach erwähnte Schaffung des deutschen Zollvereins kann jedoch nicht als einzige, das Wirtschaftsleben nach 1830 beeinflussende Maßnahme genannt werden, denn fast zum gleichen Zeitpunkt werden in verschiedenen Ländern Prohibitivzölle eingeführt[63], die praktisch eine Einfuhr verhindern. So sind Importe in das eigene Druckereien aufbauende Österreich, nach Frankreich, Spanien und Rußland ziemlich ausgeschlossen, und auch in Belgien und Dänemark sind die Zolltarife sehr ungünstig. Schweden und Italien gestatten eine beschränkte

[63] Bolliger, Arthur, a.a.O., S. 157; Gewerbeblatt für Sachsen, a.a.O., S. 195.

Einfuhr, damit die durch die eigene Industrie hergestellten Erzeugnisse ergänzt werden können, und nur Holland und die Schweiz verzichten auf entsprechende Maßnahmen. Doch ist gerade in der Schweiz eine für Deutschland nicht zu unterschätzende Konkurrenz vorhanden, während in den Niederlanden ein Teil der englischen Massenproduktion abgesetzt wird. Die Produktion der Schweiz, die vor allem aus handgedruckten Waren besteht, ist weitgehend auf den Absatz in den Orient ausgerichtet; fast die Hälfte der Fabrikate wird dorthin exportiert. Ein großer Schlager sind neben Tüchern aller Art die neu angebotenen Türkenkappen[64], eine den Schals ähnliche Kopfbedeckung, die reißenden Absatz finden. Das Elsaß dagegen liefert – wie alle Hersteller wertvoller Waren – seine mehr wert- als mengenmäßig ins Gewischt fallenden Erzeugnisse in fast alle Länder, deren Lebensweise eine Verwendung solch kostbarer Stoffe erlaubt. Einem vorübergehenden Rückgang der Auslandsnachfrage um die Jahrhundertmitte folgt ein erneutes Anwachsen, besonders für die im Südwesten ansässigen Druckereien, während die sächsischen und Augsburger Unternehmen unter den im Osten[65] stattfindenden Kriegen leiden. Trotz des infolge von Hungersnöten in China und Indien erfolgten Einbruchs der englischen Druckwaren in die Auslandsmärkte der auf dem Kontinent heimischen Firmen ist der Zeitraum bis 1870 insgesamt als günstig anzusehen, denn die Nachfrage der Ausländer nimmt ständig zu. Dann aber ergibt sich eine ausgesprochen ungünstige Situation, weil nach 1875 zu dem bereits genannten Nachfragerückgang im Inland der durch den russisch-türkischen Krieg hervorgerufene Verlust der Absatzmöglichkeiten in die Türkei hinzukommt. Außerdem erhöhen Frankreich und Spanien ihre Einfuhrzölle, und Italien tritt ebenso wie Österreich völlig zum Schutzzollsystem über[66]. Besonders die Veränderung des Zollsystems fällt für Deutschland und die Schweiz sehr ins Gewicht, weil vorher durch den zollfreien Veredlungsverkehr bis zu 20% der deutschen Druckproduktion nach Österreich gingen und auch der nach Italien verschickte Anteil nicht viel geringer war. Andererseits können die Schutzzolländer ihre inzwischen errichteten Druckereien durch derartige Maßnahmen von der durch Generationen erworbenen Druckerfahrung der alten Druckzentren schützen. Dadurch geht aber die Nachfrage der Italiener, Österreicher und Orientalen nach ausländischen Druckstoffen erheblich zurück, was beispielsweise in der Schweiz einen Produktionsausfall bis zu 50% hervorruft[67]. Wie aus Abb. 5 ersichtlich ist, sinkt der wertmäßige Export der Schweiz innerhalb von 20 Jahren um 70%, während die Ausfuhr aus Italien gewaltig zunimmt. Dieser Rückgang wird allerdings nicht allein durch die fehlende Nachfrage, sondern ebensosehr durch die in manchen Gebieten mangelnde Bereitschaft zur Umstellung auf Maschinendruck hervorgerufen. Doch auch Kriege in Amerika, China und Südafrika wirken nicht unbedingt belebend auf die Auslandsnachfrage nach mitteleuropäischen Druckstoffen ein, wenn auch einzelne Firmen ihre Exportchancen erhalten können. Nach

[64] Unter anderem BLUMER, U. FERD., a.a.O., S. 29.
[65] Krimkrieg, Preußisch-Österreichischer Krieg.
[66] Reichsenquête, a.a.O., diverse Sitzungen; LEVY, ROBERT, a.a.O.
[67] JENNY-TRÜMPY, Ad., a.a.O.

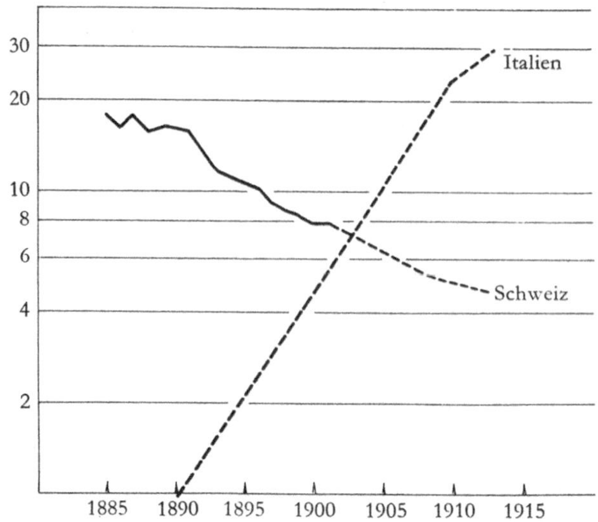

Abb. 5 Die Entwicklung des Exports von bedruckten Baumwollgeweben aus der Schweiz und aus Italien (in Mio. Fr. bzw. Mk)

Quellen JENNY-TRÜMPY, Ad., »Handel und Industrie des Kantons Glarus«, S. 54ff.; KERTESZ, A., »Die Textilindustrie sämtlicher Staaten«, Braunschweig 1917.

dem Weltkrieg und der starke Verluste hervorrufenden Inflation ermöglicht im Jahre 1923 ein deutsch-niederländisches Kreditabkommen den deutschen Drukkern die Ausführung beachtlicher Eigen- und Lohndruckaufträge für den Export, und eine ähnlich belebende Wirkung haben die Preisabsprachen für die ins Ausland ausgeführten Standardartikel[68]. Die Weltwirtschaftskrise dagegen verursacht allenthalben einen starken Einbruch; davon kann sich jedoch der Schweizer Stoffdruck nicht mehr erholen. Ein sehr wesentlicher Grund dafür ist der Wandel von einst reichen Einfuhrländern zu selbständigen Textilproduzenten bzw. Stoffdruckern, wodurch nicht nur deren Nachfrage entfällt, sondern mit der Zeit auch Konkurrenten entstehen. Allerdings betrifft diese Entwicklung fast alle Druckereien in gleichem Maße. Eine relativ günstige Stellung haben die deutschen Unternehmer, die etwa ab 1933 von seiten des Staates zum Zwecke der Devisenbeschaffung zur Ausfuhr angehalten werden und deshalb Exportvergütungen von 25 bis 40% erhalten[69]. Ausgeführt werden vor allem bedruckte Baumwollstoffe, die in Europa, Afrika, Asien, Australien, nicht aber in Rußland und Polen gefragt

[68] Lt. persönlich erhaltener Auskunft.

[69] So beträgt im Jahre 1939 für Deutschland die mengenmäßige Ausfuhr etwa 26% der Gesamtproduktion (≈ 70 Mio. m), wogegen bei wertmäßiger Berechnung der Exportanteil nur ca. 14% (≈ 32 Mio. RM) ausmacht. Das ergibt einen Durchschnittspreis von 0,46 RM/m für Ausfuhrartikel, während im Inland 1,03 RM/m bezahlt werden müssen. Ein derartiger Preisunterschied dürfte kaum nur auf Qualitätsunterschieden beruhen, sondern auch auf die Exportvergünstigungen zurückzuführen sein. Berechnet aus Angaben bei STÜNKEL, D., »Zahlen und Bemerkungen zur Situation der deutschen Stoffdruckereien«, Bonn 1960.

sind. Selbst im Krieg reißt der Außenhandel nicht völlig ab; ein Rohgewebetausch mit Italien ermöglicht eine einträgliche Produktion. Auch nach 1945 beginnt das Auslandsgeschäft eher als die Belieferung des Binnenmarktes. Neben den OMGUS-Exportaufträgen[70], bei denen von deutschen Unternehmen amerikanische Gewebe für den nahen Osten bedruckt werden, ist noch ein Verkauf von Baumwoll- und Kunstseidenstoffen an Ausländer zu erwähnen. Nach und nach nimmt auch der freie Export zu, doch stellt die noch wenig fortgeschrittene Liberalisierung geraume Zeit ein erhebliches Hindernis dar. Eine ausführlichere Charakterisierung der Verhältnisse in den zurückliegenden 15 Jahren folgt im zweiten Teil der Arbeit. Trotz aller Beeinträchtigungen hat jedoch in der Gegenwart der Exportumsatz in Deutschland schon wieder 30% des Gesamtumsatzes erreicht.

Überblickt man die Entwicklung des Außenhandels in den vergangenen 150 Jahren, so erkennt man, daß die mitteleuropäischen Staaten infolge der den Inlandsbedarf übersteigenden Kapazitäten stets auf eine teilweise Ausfuhr ihrer Druckproduktion angewiesen waren. Dabei ist für den einzelnen eine Spezialisierung auf bestimmte Länder oder gewisse Artikel möglich. Von größtem Gewicht ist jedoch immer die Art der zwischen den Ländern bestehenden Handelsbeziehungen, denn jeder Wandel der politischen Verhältnisse kann auch die Absatzmöglichkeiten in vorteilhafter oder unerträglicher Weise beeinflussen; letztlich ist eine derartige Veränderung als Datum hinzunehmen, deren Auswirkungen durch Interventionen vielleicht gemildert, nicht aber beseitigt werden können. Die Aufgabe des einzelnen Unternehmers besteht in der Anpassung an jene Gegegenheiten oder, soweit möglich, in der Vorwegnahme der Entwicklung. Dabei scheint, auf lange Zeit gesehen, eine breite Streuung über mehrere Länder und eine Ausdehnung auf unterschiedliche Artikel weniger gewagt als eine Ausrichtung auf nur einen Distrikt und ein kleines Sortiment. Allerdings dürften bei einer derartig vielseitigen Orientierung die Ertragsaussichten kurzfristig geringer sein als bei einem Massenabsatz in verhältnismäßig geschlossene Regionen. Die Entwicklung der Schweiz, die als Beispiel angeführt sei, zeigt jedoch, daß infolge der Ausrichtung hauptsächlich auf den Orientabsatz die Druckereien genau zu dem Zeitpunkt beträchtliche Einbußen hinzunehmen hatten, als die Ausfuhr dorthin wegen anderweitiger Konkurrenten oder einheimischer Produktion erheblich eingeschränkt werden mußte. Daraus läßt sich die Folgerung ziehen, daß, solange die Produktion den Inlandsbedarf übersteigt – und das ist eine unerläßliche Voraussetzung für alle Industriestaaten –, neben der Beobachtung des Inlandsmarktes eine genaue Beurteilung der wirtschaftlichen und politischen Wandlungen der übrigen Welt im Vordergrund stehen muß, damit für die Gesamtheit der inländischen Stoffdrucker die erforderlichen Absatzmärkte erhalten bleiben. Einem einzelnen »dynamischen« Unternehmer ist dagegen die Möglichkeit gegeben, durch Ausnutzung aller ihm zur Verfügung stehenden Chancen mit neuartigen Produkten zusätzliche Konsumenten zu gewinnen und unbekannte Märkte zu erschließen, um so eine günstige Entwicklung für den eigenen Betrieb wie auch für den gesamten Wirtschaftszweig anzustreben.

[70] Aus unveröffentlichten Firmenchroniken; Geschäftsberichte der Württembergischen Cattunmanufactur Heidenheim 1947/48.

3. Die Gestaltungsmöglichkeiten der Unternehmensführung

a) Die unterschiedlichen Forderungen an Eigen-, Lohn- und Betriebsdrucker

Ehe nun versucht werden kann, die Entwicklung des Stoffdrucks mit einigen Zahlenangaben zu belegen, muß die schon mehrfach angeklungene Tendenz der Betriebsvergrößerung noch etwas eingehender beleuchtet werden. Eine solche Betrachtung kann jedoch nur dann sinnvoll sein, wenn man sich einer besonderen Eigenart der Veredlungsindustrie bzw. des Stoffdrucks bewußt ist, nämlich der dort gebräuchlichen Unterscheidung von Eigen- und Lohndruckern. Die Eigendrucker verkaufen ihre Erzeugnisse auf eigene Rechnung an die Abnehmer, nachdem sie vorher das Rohmaterial bezogen und nach ihrem Ermessen bedruckt haben. Sie führen also sämtliche für einen Unternehmer typischen Tätigkeiten mit allen diesen innewohnenden Risiken aus. Die Lohndrucker dagegen sind weder Eigentümer der Rohgewebe, noch veräußern sie ihre Waren direkt; sie drucken vielmehr – wie der Name schon sagt – im Lohn für ihre Auftraggeber, die auch die Dessins auswählen[71]. Ihre Hauptaufgabe besteht im Verkauf technischer Leistung, zu der der Materialverbrauch hinzukommt. Schließlich sind noch die Betriebsdrucker zu erwähnen, d. h. Druckereien, die der Vorstufe, also den Spinnereien und Webereien, im Zuge einer verstärkten Konzentration angegliedert wurden und auf die in der Bundesrepublik Deutschland heute gut 10% der Produktion entfallen[72].

Allein schon aus der Definition der beiden Hauptbegriffe läßt sich erkennen, daß bei etwa gleichartiger maschinen- und gebäudemäßiger Ausstattung der Kapitalbedarf der Eigendrucker den der Lohndrucker beträchtlich übersteigen muß, weil letztere auf das in Rohgewebe- und Fertigwarenlager gebundene Kapital verzichten können. Daneben besteht bei den Lohndruckereien ein geringeres Lager- und Absatzrisiko als bei den Eigendruckereien, selbst wenn heute die hochwertigsten Drucke Lohndrucke sind, wie beispielsweise ein Großteil der Druckstoffe aus reiner Seide, deren Bedeutung allerdings insgesamt zurückgeht. Außer dem modischen Lohndruck ist jedoch ebenfalls der Lohndruck als Stapeldruck zu erwähnen. Im ganzen sind freilich im Vergleich zum Eigendruck entsprechend dem verminderten Risiko auch die Gewinnmargen niedriger, und nur eine beachtliche Ausdehung der Produktion gewährt gute Verdienstmöglichkeiten.

Unter solchen Voraussetzungen ist es verständlich, daß beim Zeugdruck im 18. Jahrhundert, teilweise auch später noch, die Lohnarbeit vorherrschte, sei es in Augsburg, Holland, England, im Elsaß oder in der Schweiz, nicht jedoch in Sachsen[73]. Verstärkt wird dieses Streben noch durch die in jener Zeit vorhandenen Fachverbände, wonach die zunftlosen Drucker weder in den Zuständigkeits-

[71] Nach Landauer, Edgar, a.a.O., »ist die Lohndruckindustrie die vollkommenste Form der Funktionentrennung zwischen industriellen und kommerziellen Aufgaben«.

[72] Die Eigendrucker erstellten im Jahre 1959 rd. 57% der Produktion, und etwa 30% der Erzeugnisse waren im Lohn bedruckt worden.

[73] Landauer, Edgar, a.a.O.; Smit, W. J., a.a.O.; Forberger, Rudolf, a.a.O., S. 173ff.

bereich der organisierten Weber noch in den der privilegierten Händler oder Kaufleute eindringen durften und folglich in ihren Tätigkeiten erheblich eingeschränkt waren. Mit der Aufhebung dieser Vorrechte bzw. der Zünfte etc. werden die Kattundrucker freie Unternehmer, doch üben sie nicht an jedem Ort alle Funktionen aus. In der Schweiz beispielsweise und auch in den Niederlanden beschränken sich die Drucker häufig noch bis ins 19. Jahrhundert auf den Produktionsbereich und überlassen den Absatz den Kaufleuten, die den Drucklohn vorher bestimmen und somit für die Höhe der Erträge maßgebender sind als die Drucker selbst mit ihren Forderungen[74]. Da infolge der beschränkten Produktionsmöglichkeiten[75] eine zeitige Bestellung der Händler bei den Druckern erforderlich ist, sind bei ausreichender Nachfrage den Händlern erhebliche Spekulationen mit den von den Druckern zu Festpreisen gelieferten Fertigwaren möglich. Im Elsaß dagegen, wo noch im ersten Drittel des 19. Jahrhunderts kein Direktverkauf erwünscht ist, überwiegen die Zwischenhändler[76]. So ist es begreiflich, daß sich die Drucker von der Vorherrschaft der Händler zu befreien versuchen und allmählich stärker zum Eigendruck übergehen, vor allem im 19. Jahrhundert, wo sich die Absatzgebiete erweitern.

Aus dieser Tatsache darf jedoch nicht geschlossen werden, daß der Lohndruck das Betätigungsfeld der vorindustriellen Epoche sei, und daß mit fortschreitender Entwicklung diese Betriebsart allmählich aussterbe. Im Gegensatz zu einer solchen Auffassung sind zu allen Zeiten Perioden zu verzeichnen, in denen der Lohndruck dem Eigendruck vorgezogen wird, weil die geringere Kapitalinanspruchnahme und das fehlende Risiko die niedrigeren Druckmargen ausgleichen. Ja, teilweise herrscht selbst bei guter Konjunktur der Lohndruck vor, und erst bei einem Auftragsrückgang wurde versucht – um die Beschäftigung zu erhalten und einen Teil der fixen Kosten zu decken – den Anteil des Eigendrucks zu erhöhen, während man doch geneigt ist, den Unternehmern genau das entgegengesetzte Verhalten zu unterstellen. Als Beispiel für die zuerst genannte Behauptung ist u. a. das Elsaß anzuführen, wo dem seit Ende des 19. Jahrhunderts erneut verbreiteten Lohndruck infolge fehlender Aufträge schon vor dem ersten Weltkrieg wieder eine Begünstigung des Eigendrucks folgt[77]. Doch auch nach beiden Weltkriegen steigt der Anteil der im Lohn bedruckten Ware erheblich, teils aus Gründen der Warenknappheit, und selbst in normalen Zeiten gibt es Gründe, die auch den Eigendrucker zur Übernahme von Lohnarbeit veranlassen können, wogegen heute der Übergang vom Lohn- zum Eigendruck kaum möglich ist. Da spielt neben dem bereits erwähnten Umstand der finanziellen Auflockerung das Entgegenkommen gegenüber der den Druckwarenabsatz aufnehmenden Vorstufe eine Rolle, besonders dann, wenn man auf deren Rohgewebe angewiesen ist[78]. Dabei darf nicht übersehen werden, daß diese Fabrikanten in der Regel einen anderen Kundenkreis

[74] Traupel, R., a.a.O., S. 3555ff.

[75] Sei es die fest gegebene Anzahl gelernter Drucker, die Zahl der Drucktische, das Wetter etc., welche das Angebot an Druckwaren beschränkt.

[76] Levy, Robert, a.a.O., S. 204ff.

[77] Aus unveröffentlichten Firmenangaben.

[78] Lt. persönlich erhaltener Auskunft.

beliefern als die Eigendrucker und folglich auch unterschiedlich bedruckte Artikel benötigen.
Doch ebenso wie die einzelwirtschaftlichen Überlegungen bestimmen auch gesamtwirtschaftliche Daten die Betriebsform. So sind im Veredlungsverkehr mit dem Ausland die Zollabkommen von großer Wichtigkeit. In der zweiten Hälfte des 19. Jahrhunderts müssen beispielsweise die ganzen für den zollfreien Veredlungsverkehr mit Österreich bestimmten Waren, die etwa 20% der deutschen Produktion ausmachen, im Lohn gedruckt werden, weil andernfalls die Zollvergünstigungen nicht zu erlangen sind[79]. Die auf Grund der Admission temporaire, also des einseitigen Veredlungsverkehrs ausgeführten Artikel dagegen sind Eigendruckwaren. Und auch heute noch spielen derartige Erwägungen eine Rolle. Unter den Ländern, mit denen Deutschland im aktiven Veredlungsverkehr zusammenarbeitet, gibt es einige, für die Lohndruck angebrachter ist als die Einfuhr von Fertigprodukten zu erhöhten Zollsätzen. Für die Bundesrepublik zum Beispiel ist durch den Strukturwandel in der Schweiz die Eigenveredlung für dort einzuführende Artikel uninteressant, denn infolge der zahlreichen gewünschten Dessins zersplittern sich die Verkaufsmengen zu sehr[80]. So sind dort vor allem die Manipulanten hervorgetreten, das sind Unternehmer, die die Rohware für eigene Rechnung handeln, sie nach ihren Ideen im In- und Ausland ausrüsten lassen und das Produkt im eigenen Land verkaufen. Der Vorteil für sie liegt in der zollfreien Wiedereinfuhr der im Ausland bedruckten Posten, während bei reinen Importwaren Zölle erhoben werden. Doch auch außerhalb der Schweiz gibt es Manipulanten; vielfach wird deren Funktion auch von Exporteuren übernommen, wobei in Deutschland schon seit vor dem Krieg die Hamburger und Bremer Exporteure von Bedeutung sind. Neben dem aktiven Veredlungsverkehr hat jedoch auch der für Deutschland passive Veredlungsverkehr zugenommen. Eine eingehendere Berücksichtigung dieser Entwicklung folgt im zweiten Teil, wo die seit 1945 charakteristischen Verhältnisse besonders behandelt werden.
Ein Rückblick auf die Verhältnisse bezüglich der Betriebsform in den einzelnen Epochen macht wieder einmal klar, daß es mitunter angebracht sein kann, neben der einmal gewählten Betriebsform, sei es Eigen- oder Lohndruck, in rascher Anpassung an die jeweiligen Gegebenheiten nach Möglichkeit vorübergehend einen Teil der Kapazität auch nach dem anderen Modus zu beschäftigen. Abgesehen von den sich daraus ergebenden Veränderungen auf der Absatzseite läßt aber allein schon der Gedanke an die beträchtlichen Rohgewebemengen und damit auch zusätzliches Kapital, welche in großen Druckereien beim Übergang von dem einen zum anderen Typus entbehrlich bzw. plötzlich vonnöten würden, die mit einer solchen Anpassung verbundenen, doch recht erheblichen Schwierigkeit sichtbar werden. Großenteils wird jedoch keine völlige Umstellung erforderlich sein, sondern eine teilweise Angleichung ausreichen.

[79] Reichsenquête, a.a.O., 2., 11. und 19. Sitzung.
[80] Lt. persönlich erhaltener Auskunft.

b) Die veränderten Betriebsgrößen und Integrationsmöglichkeiten

Derartige Überlegungen erwecken den Eindruck, daß die in kleinerem Umfang betriebenen Druckereien den Großunternehmen überlegen und somit erstrebenswert sind. Dagegen läßt sich als Faktum anführen, daß sich die Tendenz zum Großbetrieb schon recht früh zu zeigen beginnt, und zwar nicht aus Gründen, die aus der Tradition abgeleitet werden können, sondern aus rein praktischen Erwägungen heraus. Schon vor 200 Jahren rückten alle bedeutenden Zeug- bzw. Stoffdrucker von der rein handwerklichen Produktionsweise, bei der ein Drucker mit einer oder doch nur wenigen Hilfskräften meist im Lohn arbeitet, ab und gingen zur arbeitsteiligen Herstellung über. Außer der wachsenden Nachfrage ist dafür vor allem der Druckprozeß selbst bestimmend, denn die beim Druck verwendeten Geräte, seien es Farbkessel, Drucktische, Trockenanlagen usw. oder später Druckmaschinen und andere technische Anlagen, lassen sich ja – wie schon auf S. 31 f. erwähnt – erst bei einer Arbeitsteilung rationell einsetzen. Auch ist es beim Stoffdruck nicht möglich, einzelne Teilprozesse als Heimarbeit zu vergeben, wie das bei der verlagsmäßig organisierten Spinnerei und Weberei durchführbar ist, weil der ganze Druckvorgang ja stetig und unter gleichartigen Bedingungen abgewickelt werden muß. Das läßt sich nur durch eine Konzentration der Arbeitskräfte auf den Betrieb erreichen, und diese Entwicklung wird mit fortschreitender Technisierung des Druckprozesses nur noch verstärkt. Dabei soll in diesem Zusammenhang nicht auf die Diskussion über die Abgrenzung der Begriffe Handwerk – Manufaktur – Fabrik eingegangen werden [81], weil es hier nicht auf einzelne Betriebsformen, sondern lediglich auf die Entwicklungsrichtung ankommt.
Im 18. Jahrhundert genügt zur Errichtung einer nicht zu großen Druckerei von ca. 40 bis 50 Drucktischen ein Anlagevermögen von etwa 20000 fl., dazu kommt noch das entsprechende Umlaufvermögen. Dabei ist jedoch nicht an einen Einpersonenbetrieb gedacht, bei dem die Küche zur Werkstatt wird, sondern an einen vollständig eingerichteten Handwerksbetrieb[82]. Doch gibt es bereits Unternehmen, die ein Vielfaches dieses Betrages benötigen. Der bekannteste und gleichzeitig größte deutsche Stoffdrucker des 18. Jahrhunderts, Johann Heinrich von Schüle, der allerdings keineswegs repräsentativ ist, baut um 1770 für seine gut eingeführte Firma eine neue »Fabrik« für 500000 fl.[83]. Gleichzeitig erreicht er mit ca. 1500 Arbeitern einen Jahresumsatz von durchschnittlich 1,0 bis 1,5 Mio. fl., und der Wert des dazu verwendeten Rohmaterials beläuft sich auf etwa 650000 fl.[84].

[81] Vgl. Forberger, Rudolf, a.a.O., S. 3ff.; Reuter, Ortulf, »Die Manufaktur im fränkischen Raum«, Stuttgart 1961, S. 1f.; Krüger, Horst, »Zur Geschichte der Manufakturen und der Manufakturarbeiter in Preußen«, Berlin 1958, S. 11ff.; Strauss, Rudolf, »Die Lage und die Bewegung der Chemnitzer Arbeiter in der ersten Hälfte des 19. Jahrhunderts«, Berlin 1960, S. 25ff.

[82] Dazu gehören außer den Drucktischen und Modeln die Kupferkessel, Châssis und Kübel, ferner Walkmühle, Kalander, Appreturpresse und das zum Schneiden der Model erforderliche Handwerkszeug. Siehe auch Smit, W. J., a.a.O.; Société industrielle de Mulhouse, »Histoire documentaire de l'industrie de Mulhouse et de ses environs au XIX me siècle«, Mulhouse 1902.

[83] Gaumnitz, Oskar v., a.a.O., S. 919ff., auch für die folgenden Angaben.

[84] Gaumnitz, Oskar v., a.a.O., S. 919ff.

Der zur gleichen Zeit bei Paris lebende JOHANN PHILIPP OBERKAMPF war SCHÜLE an Bedeutung ebenbürtig, und seine Produktion hatte keinen geringeren Umfang. Noch eindrucksvoller wird dieses Ergebnis, wenn man weiß, daß beide als kleine Handwerker begonnen und sich durch Geschicklichkeit und mit Hilfe fremden Kapitals hochgearbeitet haben. Ähnliche Erfolge, wenn auch in geringerem Ausmaß, lassen sich außerdem an anderen Orten nachweisen, und so ist die starke Anziehungskraft des Kattundrucks auf Menschen aller Berufe[85] nicht mehr länger verwunderlich. Mittellose Handwerker verbinden sich mit Kaufleuten und anderen Geldgebern, und eine so entstandene Gesellschaft versucht, ihren Betrieb erfolgreich zu leiten, was jedoch nicht immer gelingt. Etwa 100 Jahre später, also um 1875, benötigt eine gutgehende größere Druckerei ein Gesamtkapital von 2 bis 3 Mio. Mk; ihre Veredlungskosten liegen zwischen 1 Mio. Mk und 1,5 Mio. Mk, und für die 350–550 Beschäftigten werden 300000–500000Mk an Löhnen gezahlt[86]. Im Elsaß verfügen zum gleichen Zeitpunkt etwa 15 Betriebe über ein Anlagevermögen von 56,5 Mio. Mk, wovon knapp 60% auf maschinelle Anlagen entfallen. Jeder der etwa 7000 Beschäftigten erhält einen durchschnittlichen Jahreslohn von 575 Mk, und die Veredlungskosten betragen 9,4 Mio. Mk[87]. Die heute bestehenden großen Eigendruckereien, die meist in der Form einer Kapitalgesellschaft betrieben werden, erzielen gegenwärtig ihre Umsätze, die zwischen 50 und 75 Mio. DM liegen, mit etwa 1200–1500 Beschäftigten und einem Aktienkapital von 3 bis 10 Mio. DM[88], wobei allerdings die angeführten Kapitalgrößen kein direktes Maß für die Umsatzhöhe sind. Neben solchen Großbetrieben gibt es noch eine Reihe kleinerer Unternehmen, und auch für die Lohndruckereien, die das in den Rohgeweben gebundene Kapital (ca. 40–50%) nicht benötigen, gelten andere Relationen. Insgesamt ist aber zu berücksichtigen, daß die für die einzelnen Zeitpunkte gemachten Zahlenangaben nicht unmittelbar miteinander vergleichbar sind, wie ja überhaupt der Wert von Betriebsvergleichen im Zeitablauf wegen der unterschiedlichen Bewertung, Maschinenausstattung etc. recht zweifelhaft ist. Dennoch wurde nicht auf die Erwähnung einiger charakteristischer Zahlen verzichtet, weil nur auf diese Weise gewisse Größenvorstellungen entstehen können. Dabei ist bemerkenswert, daß große Druckereien meist Eigen- oder Betriebsdrucker sind.
Diese Größenvorstellungen gelten allerdings nur für reine Druckereien und nicht für Betriebskombinationen, wie sie sich zu Anfang des 19. Jahrhunderts durchzusetzen beginnen. Solche Verbindungen vollziehen sich so, daß einem Teil der bereits bestehenden Druckereien die Vorstufe angegliedert wird, und zwar zumeist im Verlagssystem. Wichtig ist dabei, daß die Druckereien vorhanden sind, während die Weberei sich anschließt[89]. Von dieser Mehrstufigkeit verspricht man sich

[85] Weber, Schreiner, Konditoren, Apotheker etc. gaben ihre Tätigkeit auf und gingen zum einträglicheren Zeugdruck über.
[86] Reichsenquête, a.a.O., 2., 3., 11., 14. und 19. Sitzung.
[87] Reichsenquête, a.a.O., 14. Sitzung.
[88] Veröffentlichten Berichten über die Jahresabschlüsse entnommen.
[89] Eine Ausnahme bildet Sachsen, wo die Weberei früher als der Druck anzutreffen ist. Siehe Gewerbeblatt für Sachsen, a.a.O., S. 162.

größere Stabilität und die Garantie für bessere Ware. Doch werden in Sachsen diese sogenannten »vollständigen Druckereien« infolge des schlechten Geschäftsganges noch vor 1840–1845 wieder aufgelöst[90], in anderen Gegenden hält die Verbindung etwas länger. In der zweiten Hälfte des 19. Jahrhunderts allerdings erlangt dann der Betriebsdruck zunehmende Bedeutung, als mehrere große Webereien mit ihren Veredlungsabteilungen auch Druckereien errichten. Daneben werden außerdem durch entsprechende Beteiligungen gewisse Interessenverflechtungen geschaffen. In Deutschland hat seit 1936 die Vorliebe für eine Betriebsveredlung erneut wieder zugenommen, und ihr Anteil beträgt heute, wie bereits erwähnt, gut 10% der Gesamtproduktion. Zu erwähnen ist ferner die Möglichkeit einer horizontalen Konzentration, wie sie vor allem in Lohndruckereien zu finden ist, wo der Stoffdruck nur ein Veredlungsbereich neben anderen ist.
Langfristig ist dagegen das Interesse an Verkaufs- oder Absatzvereinigungen in loser oder auch festerer Form und an Fachverbänden. In der zweiten Hälfte des letzten Jahrhunderts entstehen auf diese Weise die Vereinigung der schweizerischen Türkischrot-Drucker, die Eigen- und Lohndrucker umfaßt, das Yasmas-Kartell[91] und die unter der Führung von Großbanken gegründeten österreichischen Druckerkartelle[92]. Zu erwähnen ist ferner als Sonderform die 85% der englischen Erzeugung umfassende Calico printers Association[93], die sowohl eine kapitalmäßige Verflechtung wie auch ein Preiskartell darstellt. Neben der Blaudruckerkonvention von 1898[94], einem Preiskartell, bestand in Deutschland der sogenannte Leipziger Verband als Verbindung der Lohnausrüster und eine Vereinigung der deutschen Stoffdruckereien in Berlin, welche ein Konditionenkartell mit Funktionsrabatten war und überwiegend an Grossisten verkaufte. Innerhalb der zuletzt angeführten Vereinigung bildeten die vom gleichen Syndikat Wollmusseline beziehenden Eigendrucker eine besondere Gruppe. Die diesen Unternehmern gegebene Bezeichnung » Syndikatsdrucker« ist später auf die gesamten, für Grossisten druckenden Firmen übergegangen. Ferner sind die nach der Jahrhundertwende gegründeten Textilveredlerfachverbände im niederrheinischen Raum anzuführen. Dazu kommen vor allem nach dem ersten Weltkrieg Absprachen in loser Form, die sich in erster Linie auf fachliche Fragen, wie Musterung, Kollektion, manchmal auch auf die Preise beziehen, mitunter sich aber auch auf das Vertriebssystem ausdehnen. So setzen bestimmte Firmen ihre Ware hauptsächlich über den Großhandel ab, wo sie durch den Großhändler als Fachkraft beraten werden; andere Unternehmen dagegen liefern auch an den Einzelhandel. An die Stelle der Grossisten, denen teilweise eine Vorwahl eingeräumt worden war und die von den sogenannten Großmustern ansehnliche Mengen bestellten, so daß sich deren Herstellung lohnte, sind heute die Konfektionäre getreten. Die meisten Zusammenschlüsse der Stoffdrucker sind auf Notzeiten zurückzuführen,

[90] König, Albin, »Die sächsische Baumwollindustrie am Ende des vorigen Jahrhunderts und während der Kontinentalsperre«, Leipzig 1899.
[91] Jenny-Trümpy, Adolf, a.a.O.
[92] Landauer, Edgar, a.a.O.
[93] Landauer, Edgar, a.a.O.
[94] Vgl. Anhang.

und die vereinbarten Bedingungen, wie Preise etc., werden sehr häufig nur für kurze Zeit eingehalten. Die verschiedenen Fachverbände vertreten heute die gemeinschaftlichen Interessen ihrer Mitglieder gegenüber Dritten und ergänzen durch die Tätigkeit in Ausschüssen und Arbeitskreisen die Anstrengungen des einzelnen Unternehmens.
Der Rückblick auf den Ausbau der Stoffdruckereien zeigt also, daß mit der Ausdehnung der Produktion eine vollständige Arbeitsteilung erforderlich wird. Das führt im äußeren Bild bei steigender Ausbringung zur Verminderung der Firmenzahl, während innerbetrieblich der Schwerpunkt von der Arbeitskraft auf das Kapital verlagert wird. Doch hat der technische Fortschritt durch die Einführung der ganzjährigen Produktion gleichzeitig auch die Beschäftigungsmöglichkeiten verbessert. Ja, die im 18. Jahrhundert beschäftigungslose Zeit, der Winter, ist heute die Hauptproduktionsperiode, und der früher bevorzugte Sommer wird jetzt für die neue Kollektion benutzt. Diesem langfristigen Wandel werden sich auch künftig entsprechende Veränderungen anreihen, und ihr rechtzeitiges Offenbarwerden wird von der Initiative des einzelnen abhängen.

IV. Umfang und Ausmaß des Wachstumsprozesses

1. Die methodisch-statistischen Voraussetzungen

Mit den bisherigen Überlegungen wurde versucht, die Entwicklung des Stoffdrucks in den vergangenen 150 Jahren anzudeuten. Neben den Standortbedingungen schien die Beachtung des technischen Fortschritts im weitesten Sinn wesentlich, seien es die Umstellung von Handwerksgeräten auf Maschinen, die Neuerungen auf dem koloristischen Sektor, der Wandel im Rohstoffeinsatz oder die Veränderungen der Organisationsformen. Außerdem durften die exogenen, das Wirtschaftsleben jedoch erheblich beeinflussenden Faktoren nicht übersehen werden. Durch das Zusammenwirken all dieser Einflüsse ist schließlich der angedeutete Prozeß entstanden. Dieser Ablauf würde noch greifbarer werden, wenn es gelänge, den Fortgang mit wesentlichen, die Entwicklung ausdrückenden Zahlenangaben zu belegen.
Unabhängig von der Güte des vorhandenen Zahlenmaterials bleibt zunächst zu bedenken, welche Größen notwendig sind, um eine einigermaßen stichhaltige Aussage machen zu können. Maßgebliche, für den Produktionsprozeß beweisfähige Angaben sind der Einsatz von Arbeit und Realkapital, ferner der mit diesen Mitteln erzielte Ausstoß. Als Vergleichsgrößen ließen sich außerdem entsprechende Mitteilungen über den ganzen textilen Sektor und den gesamten Wirtschaftsbereich heranziehen und ebenso die Entwicklung des Sozialproduktes. Aus diesen Zahlenangaben lassen sich dann einige aussagefähige Relationen ableiten. Der Kapitalbestand, auch Kapitalstock genannt, kann sowohl zur Produktion als auch zur Anzahl der in dem Wirtschaftszweig Beschäftigten ins Verhältnis gesetzt werden; dadurch erhält man den sogenannten Kapitalkoeffizienten und die Kapital-

intensität. Die Produktion pro Arbeiter, unzutreffenderweise Arbeitsproduktivität genannt, ist eine weiteres aussagefähiges Maß. Schließlich kann durch die Berechnung der durchschnittlich auf einen Betrieb entfallenden Produktion oder Beschäftigten ebenso ein Eindruck gewonnen werden wie durch die Errechnung der Bruttolohnquote. Die grundsätzlich durchführbaren Vergleichs- und Aussagemöglichkeiten sind also recht zahlreich.

Mit der Erwähnung der notwendigen Grundlagen ist die Aufgabe jedoch keineswegs gelöst; an dieser Stelle beginnen erst die Schwierigkeiten. Schon bei der Produktion taucht die Frage auf, ob hier der mengen- oder der wertmäßige Ausstoß zugrunde gelegt werden soll. Bevorzugt man die Produktionsmenge, so lassen sich damit die Preisveränderungen umgehen, dafür aber muß gleichzeitig auf die Erfassungsmöglichkeit der Qualitätsverbesserungen verzichtet werden, da ja ein enger Zusammenhang zwischen Menge und Preis besteht. Auch ein konstanter Preis ist in diesem speziellen Fall nicht von Nutzen, denn die durch ihn erreichbare Vergleichbarkeit der einzelnen Produkte wird schon durch das gemeinsame Mengenmaß gewährleistet. Würden dagegen die Umsatzzahlen bevorzugt, so ließen sich die Qualitätsveränderungen durch Isolierung der Preisschwankungen vielleicht erkennen, doch könnte die im Umsatz enthaltene Wertschöpfung der Vorstufen, die jedoch zu verschiedenen Zeiten wechselnde Ausmaße annehmen kann, nicht berücksichtigt werden. Ähnliche Unstimmigkeiten ergeben sich bei den Beschäftigten. Abgesehen von den nicht erfaßbaren Qualitätsunterschieden bei den einzelnen Arbeitskräften, seien sie männlichen oder weiblichen Geschlechts, wirft auch die Zugrundelegung allein ihrer Anzahl Probleme auf, da auf diese Weise die bei einer langfristigen Betrachtung doch sehr erhebliche Verkürzung der Arbeitszeit nicht beachtet werden kann. Unter solchen Umständen wäre das Ausgehen von den geleisteten Arbeitsstunden sinnvoller, doch sind nur für die neueste Zeit derartige Angaben vorhanden. Fast unmöglich wird eine genaue Aussage aber bei den Kapitalgrößen. Wenn sich auch die reinen Preisveränderungen mit Hilfe von Indizes isolieren lassen, so spielen doch die Bewertungsschwierigkeiten eine wesentliche Rolle, und der alles beeinflussende, jedoch heute noch nicht meßbare technische Fortschritt schafft neue Probleme[95].

All die angeführten Sachverhalte zeigen, daß jede derartige zahlenmäßige Erfassung mit gewissen Schwächen, welche eine genaue Wiedergabe der in der Realität vorhandenen Zustände ausschließen, behaftet sein muß. Allerdings kann versucht werden, die der jeweiligen Problemstellung am ehesten entsprechenden Werte auszuwählen. Doch wird trotz aller Bedenken eine unvollständige Erfassung dem Verzicht auf jegliche Zahlenangaben vorzuziehen sein. Bei der hier zu untersuchenden Entwicklung der Stoffdruckereien kommt zu den bereits angeführten Bedenken noch die Lückenhaftigkeit des vorhandenen Materials hinzu. Zahlen-

[95] Eine eingehende Auseinandersetzung mit allen derartigen Schwierigkeiten findet sich bei Bombach–Riese–Raabe–Giersch–Senf–Hensel, »Wachstum und Konjunktur«, Darmstadt 1960; Hoffmann, Walther G., »Wachstum und Wachstumsformen der englischen Industriewirtschaft«, Jena 1940; Krengel, Rolf, »Anlagevermögen, Produktion und Beschäftigung der Industrie im Gebiet der Bundesrepublik von 1924 bis 1956«, Berlin 1958.

angaben, die sich fortlaufend über einen längeren Zeitraum erstrecken, sind kaum verfügbar, und die für einzelne Gebiete geltenden Größen lassen sich nicht ohne weiteres auf den gesamten Wirtschaftszweig übertragen. Es bleiben daher als Ausweg nur zwei Möglichkeiten: Entweder müssen die fehlenden Angaben durch Schätzungen ergänzt werden, oder der Prozeß läßt sich nur sporadisch verfolgen. Hier wird der zuletzt genannte Weg gewählt, weil er trotz aller Mängel die Freiheit des Kombinierens bewahrt.

2. Der Entwicklungsprozeß in Deutschland

Da es beim weiteren Vorgehen nun vor allem darauf ankommt, die bisher erlangten Einsichten zu vertiefen, wird die Beurteilung des Gesamtprozesses einer Betrachtung der Details voranzustellen sein. Die langfristige Entwicklung des ganzen Wirtschaftszweiges ist durch die Erfassung des Ausstoßes und dessen Veränderungen am leichtesten erkennbar, und deshalb wurden in der folgenden Abbildung (Schaubild 6) die Produktionsergebnisse aufgezeichnet.
Dem den Stoffdruck kennzeichnenden Ablauf stehen die entsprechenden Angaben für die gesamte Textilindustrie gegenüber. Bei der Berechnung wurden die Produktionsmengen den Preisen vorgezogen, weil sie unter dem vorhandenen Material das zuverlässigste Maß zu gewährleisten scheinen. Gleichwohl bestehen auch hier gewisse Einwände. So dürften beispielsweise bei der für die Anfangszeiten erforderlichen Umrechnung der in Stück oder Ellen notierten Produktionszahlen in lfd. Meter kleinere Fehler enthalten sein, weil weder die Stücklängen in den einzelnen Zeiträumen oder Landstrichen gleich waren, noch die als Maßeinheit angegebenen Ellen oder Stäbe längenmäßig übereinstimmten. Da es hier jedoch mehr auf die Tendenz als auf die absoluten Zahlen ankommt, läßt sich ein solcher Mangel vertreten. Doch selbst bei gleichwertigen Längenmaßen ergäben sich durch die unterschiedlichen, heute nicht mehr eindeutig erfaßbaren Gewebebreiten Abweichungen von der wirklich erstellten Produktion. Erst die in neuester Zeit verwendete Maßeinheit, der Quadratmeter, kann die Anforderungen, die bei einer mengenmäßigen Erfassung erfüllt sein müssen, weitgehend befriedigen. Bei keinem dieser Verfahren wird jedoch die Qualitätsveränderung erfaßt. Da ein Meter eines im Jahre 1800 bedruckten Stoffes nicht mit der entsprechenden, im Jahre 1960 hergestellten Menge verglichen werden kann, ist dieses Unvermögen besonders unwillkommen. Dennoch erlauben die gegenwärtig vorliegenden Zahlenangaben leider keine Ausschaltung dieses Fehlers. Einmal entsprechen nämlich die vorhandenen Angaben über Umsatzwerte sehr häufig zeitlich nicht den mengenmäßigen Aussagen, zum anderen verhindert das bis etwa 1870 im kleinsten Staat vorhandene eigene Währungssystem eine Umrechnung auf eine einheitliche Geldeinheit, denn durch die Vielzahl der Währungen und die nicht erfaßbaren Geldwertschwankungen entständen neue Fehlerquellen, die den zuerst erwähnten nicht nachständen. So empfiehlt es sich, trotz aller Einwände, bei der Mengenbetrachtung zu verbleiben.

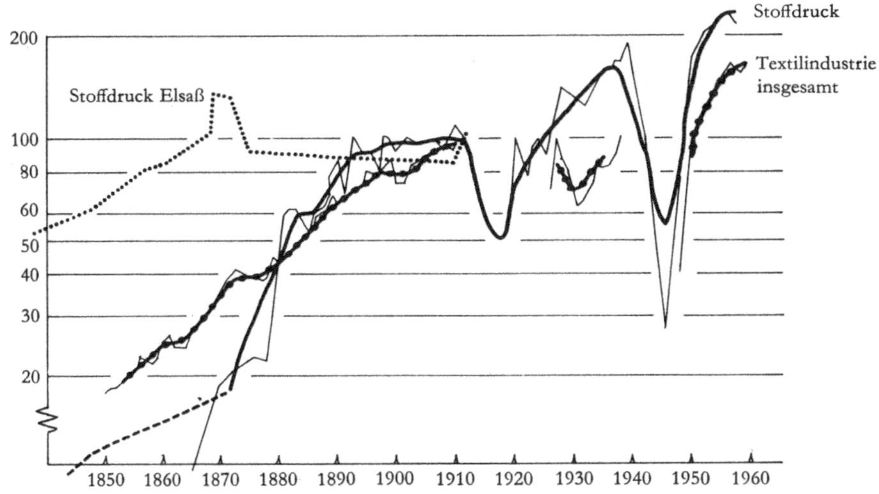

Abb. 6 Die Entwicklung der Produktion in Deutschland (mengenmäßig, 1913 = 100) (Die Angaben beziehen sich für die Zeit bis 1945 auf das Gebiet des Deutschen Reiches ohne Elsaß-Lothringen, nach 1945 wurde nur die Entwicklung der Bundesrepublik berücksichtigt.)

Ein Blick auf Abb. 6 zeigt, daß im Vergleich mit 1850 der Produktionsumfang der Stoffdruckereien heute ganz erheblich zugenommen und ein Niveau erreicht hat, welches etwa das 25fache des Anfangswertes ausmacht. Gleichzeitig wird deutlich, daß damit dieser Wirtschaftszweig mengenmäßig auf einen stärkeren Aufstieg zurückblicken kann als die Textilindustrie insgesamt oder auch die Baumwollweberei. Wenn auch mit dem hier betrachteten rein quantitativen Wachstum in den vergangenen hundert Jahren nicht immer ein entsprechender Zuwachs des Betriebserfolges verbunden sein muß, sei es infolge eines Angebotsüberhangs, eines Preisverfalls auf dem Rohgewebemarkt oder durch Währungsänderungen etc., so ermöglicht es doch zumindest auch in Verlustzeiten eine weitgehende Aufrechterhaltung des Beschäftigungsstandes und eine teilweise Deckung wenigstens der fixen Kosten. Diese insgesamt günstige Entwicklung läßt sich zum Teil vielleicht aus der Wahl des Basisjahres 1913 erklären, da gerade in diesem Zeitpunkt die Druckproduktion einen geringeren Umfang aufweist als zwei oder drei Jahre zuvor. Andererseits ergibt auch ein Vergleich lediglich der Jahre nach 1950 einen zwar unterschiedlich großen, aber deutlich vorhandenen Vorsprung vor der gesamten Textilindustrie[96], so daß daraus der Schluß gezogen werden kann, daß es den Stoffdruckern bisher im allgemeinen gelungen ist, sich den jeweiligen Gegebenheiten so anzupassen, daß der Marktanteil nicht nur erhalten, sondern sogar stärker vergrößert werden konnte als im gesamten Textilbereich.

[96] Nähere Angaben dazu in Teil 2 (Entwicklung des Stoffdrucks in der BR Deutschland von 1950 bis 1961).

Dennoch verläuft auch hier die Entwicklung nicht stetig; es sind unterschiedliche Wachstumsraten feststellbar. Abgesehen von den durch die beiden Weltkriege verursachten Einbrüchen verlangsamt sich die Zunahme nach 1880, was unter anderem außer von der häufiger den Druckstoffen unzuträglichen Mode[97] auch von den in diesen Zeitraum fallenden, den Export ungünstig beeinflussenden Schutzzollbestrebungen mancher Staaten, den Kriegen etc. herrührt. In der Zwischenkriegszeit erholt sich der Wirtschaftszweig trotz verschiedener Einbrüche relativ rasch von den Kriegs- und Inflationswirren und erreicht einen neuen Höhepunkt. Selbst die Weltwirtschaftskrise vermag diesen Aufschwung nicht aufzuhalten, wenn sie auch abschwächend wirkt; im übrigen textilen Sektor muß dagegen eine erhebliche Einbuße vermerkt werden. Eine ähnliche Tendenz läßt sich auch nach 1945 erkennen: Die in der Bundesrepublik zuerst mit Hilfe des breit angelegten OMGUS-Programms beschäftigten Unternehmen vermögen bald ihre Produktion soweit auszudehnen, daß diese das Vorkriegsniveau des Reichsgebietes überschreitet. Gegen 1960 schwächt sich der starke Aufschwung dann ab. Die im Vergleich zur Textilindustrie günstigere Lage der Stoffdruckereien dürfte sich nicht allein auf einen Mengenzuwachs bei festen Preisen beschränken, denn auch die Umsatzwerte sind teilweise stärker als die Menge gestiegen. Das mag neben steigenden Kosten und Rohstoffpreisen auf einer verbesserten Warenqualität beruhen, doch wechseln darüber hinaus Jahre mit sinkenden Erträgen mit Zeiten ab, in denen erhöhte Durchschnittserträge erzielt werden, wobei der Fortschritt häufig durch die Herstellung modisch hochwertiger Artikel erreicht wird. Trotz der teilweise heftigen konjunkturellen Einbrüche, die mitunter die der Textilwirtschaft übersteigen, kann als Gesamttendenz angeführt werden, daß die langfristige Entwicklung des Stoffdrucks quantitativ bessere Ergebnisse aufweist als die des textilen Bereichs insgesamt. Dies dürfte weitgehend auf der Wendigkeit und Anpassungsfähigkeit der Drucker beruhen, weil diese einer modischen Orientierung wohl stets stärkere Bedeutung beizumessen haben als manch andere Textilunternehmer.

Der angeführte Ablauf wirft nun die Frage auf, welche Vorgänge und technischen Faktoren diesen Prozeß unterstützt haben. Die anfänglich durch Handdruck erstellte Produktion läßt sich sowohl durch Leistungssteigerungen der Drucker[98] als auch durch die Vermehrung der Drucktische vergrößern; später erzielt dann ein zunehmender Maschineneinsatz die gleiche Wirkung. Aus Abb. 7[99] geht sehr deutlich hervor, daß der im 18. Jahrhundert einsetzende Aufschwung durch die Kontinentalsperre weiter gefördert wird und daß nach deren Aufhebung die nun wieder auftretende englische Konkurrenz für die mitteleuropäischen Zeugdrucker zu Rückschlägen und damit zur Verminderung der Anzahl der Drucktische führt.

[97] Vgl. S. 38ff.

[98] Vor allem durch Verlängerung der Arbeitszeit, ferner durch Einstellung zusätzlicher Hilfskräfte oder durch teilweise Mechanisierung der Nebenarbeiten.

[99] Das Schaubild zeigt die Veränderungen der Drucktischzahl in Chemnitz bzw. im erzgebirgischen Kreis, doch entspricht die Entwicklung tendenziell durchaus dem Gesamtablauf, wenn auch zwischen den einzelnen Gebieten zeitliche und größenmäßige Unterschiede bestehen mögen.

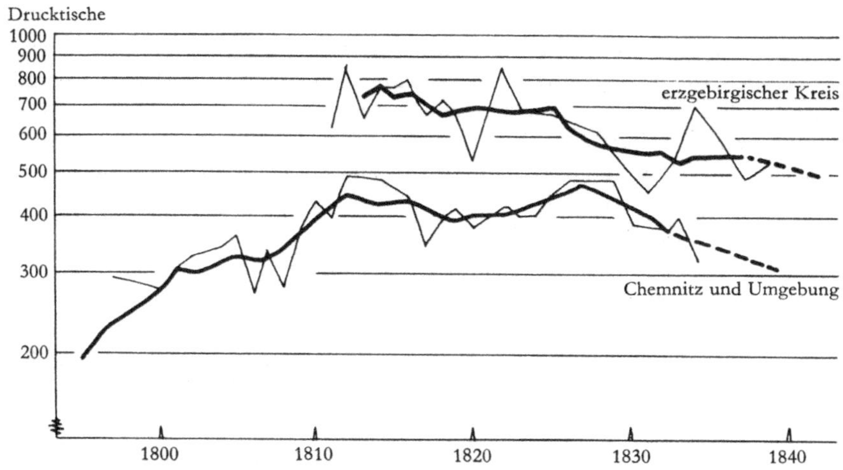

Abb. 7 Die Verwendung von Drucktischen in Chemnitz bzw. im erzgebirgischen Kreis

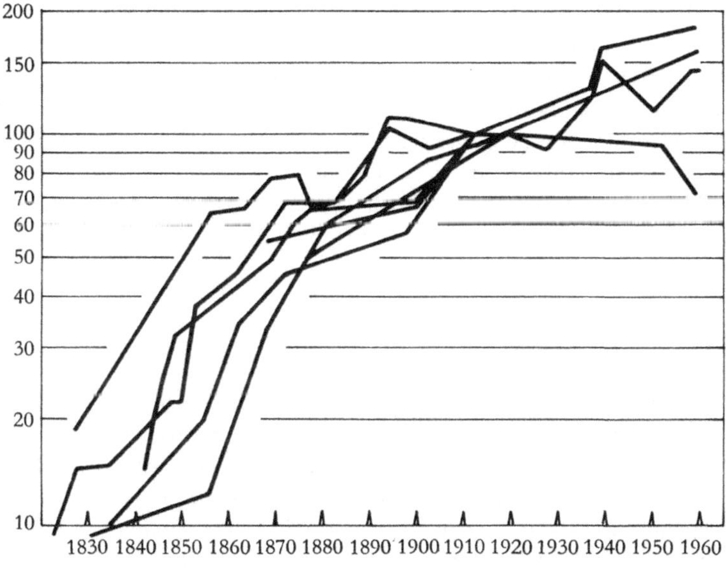

Abb. 8 Entwicklung des Druckmaschinenbestandes in einzelnen Unternehmen (1913 = 100)

Der etwa ab 1830 zunehmende Einsatz von Druckmaschinen (vgl. Abb. 8) bewirkt einen Rückgang der dadurch weniger wettbewerbsfähigen Handdruckware, wobei jedoch für einzelne Artikel Ausnahmen gelten. Die Beschäftigtenzahlen spiegeln diese Entwicklung nicht genau wider. Von den anfänglich zahlreichen Handdruckern einschließlich Hilfspersonal für die Vor- und Nacharbeiten wird auch später nicht gleich abgegangen, denn noch bis weit in die Hälfte des 19. Jahrhunderts hinein nimmt der Handdruck neben dem Maschinendruck gebietsweise eine beachtliche Stellung ein. Dann aber überwiegen die arbeitsparenden Maschinen, die Beschäftigung geht zurück und nimmt erst durch den Ausbau der modernen Großbetriebe nach 1920 wieder zu. Wie aus Abb. 8 ersichtlich ist, beginnen sich die Druckmaschinen gegen 1850 in größerem Rahmen durchzusetzen. Das ist um so erstaunlicher, als die Erfindung des heute am meisten verbreiteten Typs, der Rouleauxdruckmaschine, schon fünfzig Jahre zurückliegt. Teilweise wird die Zurückhaltung durch die noch geringe technische Vollkommenheit bedingt – lange Zeit ist nur ein ein- oder zweifarbiger Druck möglich, was jedoch den Ansprüchen der Konsumenten nicht genügt –, zum anderen erfordert die Einführung des Maschinendrucks auch Investitionen im übrigen Produktionsbereich[100]. Zudem hat die Ablehnung der Handdrucker in manchen Gebieten die Mechanisierung des Druckvorgangs für mehrere Jahre verhindert. Bei der dann aber nicht länger aufzuhaltenden Verbreitung der Maschinen[101] bedingen die unterschiedlichen Typen (Rouleauxmaschine, Perrotine etc.) auch abweichende Leistungsfähigkeiten, und es ist nicht zulässig, aus der angedeuteten Entwicklung die Produktionsmengen eines Unternehmens ableiten zu wollen, zumal der Beschäftigungsgrad mit der Zunahme des Maschinenbestandes nicht übereinzustimmen braucht. Um jedoch eine ungefähre Größenvorstellung zu vermitteln, sei erwähnt, daß zu keiner Zeit mehr als 35 Rouleauxmaschinen in einem Betrieb verwendet wurden und daß in den großen Unternehmen der Bundesrepublik heute höchstens 20–25 Rouleaux vorhanden sind. Daneben werden sehr häufig noch andere Maschinentypen gebraucht, doch sind sie meist weniger verbreitet und daher auch nicht fortlaufend erfaßt. Die sich bei uns jetzt immer mehr durchsetzenden Filmdruckautomaten dürften in Zukunft allerdings an Bedeutung ge winnen und müßten dann mit berücksichtigt werden.

3. Überblick über einige spezielle Relationen

Die bisher erwähnten Größen verlocken dazu, ergänzend noch einige Relationen zu bilden, mit deren Hilfe sich möglicherweise einige zusätzliche Einsichten gewinnen lassen. Um bei den zuletzt angeführten, mehr technischen Gegebenheiten zu bleiben, soll zuerst das für den Handdruck so wesentliche Verhältnis von Drucktischen zu Beschäftigten betrachtet werden. Im allgemeinen wird davon ausgegangen, daß zur Auslastung eines Drucktisches, gleichgültig welcher Länge,

[100] Vgl. S. 33 ff.
[101] Vgl. S. 32 ff.

durchschnittlich drei Personen erforderlich sind, der Drucker, der Streicher und die entsprechenden, anteilig zugerechneten Hilfskräfte, eine Annahme, die für den rein technischen Vorgang sicher zutrifft. Sobald man aber beginnt, auf diese Weise den Beschäftigtenstand entsprechend der bekannten Drucktischzahl zu ermitteln, entstehen Bedenken. Aus Abb. 9 geht hervor, daß sich dieses Verhältnis im Ablauf von 70 Jahren erheblich ändert. Die in den Anfangsjahren den Durchschnittswert sehr nach oben rückenden zusätzlichen Kräfte, wie Formstecher, Graveure und vor allem Schilderer (= Ausmaler), verschwinden mit fortschreitender Verbesserung weitgehend[102], so daß statt der zuerst erforderlichen acht bis neun Kräfte um 1850 trotz steigender Produktion pro Tisch höchstens noch zwei bis drei Personen benötigt werden; noch später wird wieder der ursprüngliche Zustand erreicht, in dem der Drucker alle anfallenden Verrichtungen selbst durchführt. Allerdings ist zu diesem Zeitpunkt der Handdruckartikel nicht mehr Massenprodukt, sondern Luxusware. Hier zeigt sich also erneut, daß nach Möglichkeit von allzu umfangreichen Berechnungsversuchen abgesehen werden sollte und daß bei der Unvermeidbarkeit eines solchen Vorgehens äußerste Vorsicht geboten ist. Einen weiteren Einblick vermittelt die »Arbeitsproduktivität« bzw. richtiger ausgedrückt die Entwicklung der auf einen Beschäftigten entfallenden Produktionsmenge. Sie beträgt um 1800 beim reinen Handdruck etwa 500–800 m im Jahr[103]

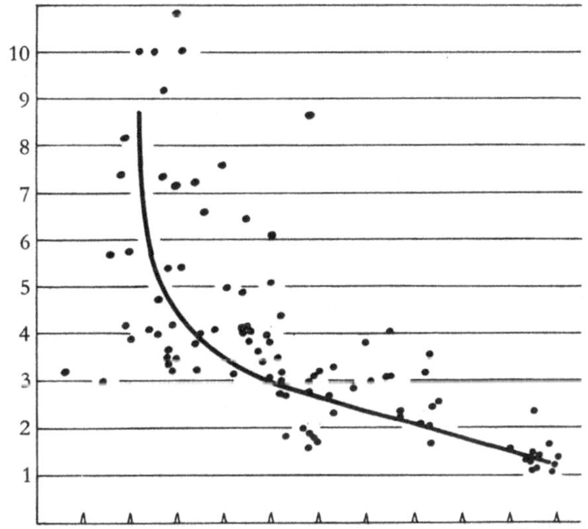

Abb. 9 Entwicklung der auf einen Drucktisch entfallenden Beschäftigten

[102] Die Möglichkeit des mehrfarbigen Drucks macht die Schilderer überflüssig, und die nach etwa 1800 allmählich entstehenden Gravurateliers ersetzen einen Teil der Formstecher etc.

[103] Dabei muß berücksichtigt werden, daß sich die Arbeitszeit sowohl nach den vorhandenen Aufträgen als vor allem auch nach der Jahreszeit richtete; bei Eintreten der Dämmerung oder im Winter wurde die Arbeit eingestellt. Es ist daher nicht zulässig, aus diesen angegebenen Mengen eine Tagesproduktion bestimmen zu wollen, denn die wirkliche Tagesleistung wird höher liegen als die berechnete.

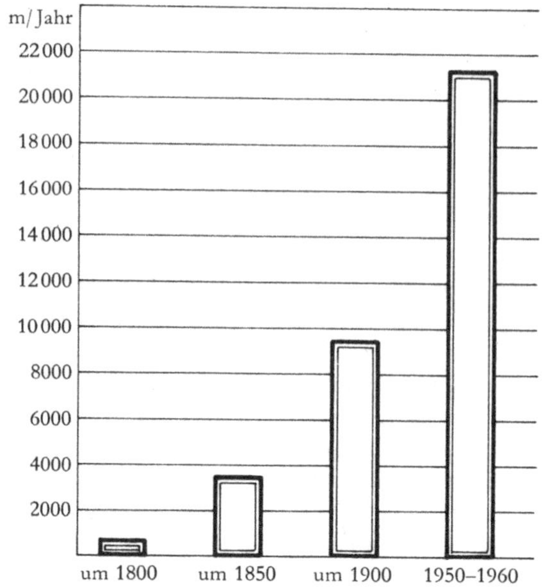

Abb. 10 Entwicklung der Produktion pro Beschäftigten

steigt dann durch den Einsatz von Druckmaschinen bis zur Jahrhundertmitte auf ca. 3500–4000 m an und erreicht im Jahre 1900 bei überwiegendem Maschinendruck eine Höhe von 8000 bis 10000 m. Seit etwa 1950 werden in der Bundesrepublik, wie aus Abb. 10 ersichtlich, durchschnittlich 20000–22000 m pro Kopf und Jahr bedruckt, ein Ergebnis, das nicht nur durch leistungsfähigere Druckmaschinen erzielt wird, sondern auch durch eine fortschreitende Mechanisierung bzw. Rationalisierung des ganzen Produktionsprozesses. Damit verbunden ist eine relative Verminderung der Arbeitskräfte, während, gemessen in absoluten Zahlen, die mittleren bis großen Betriebe der Gegenwart zumindest die gleichen Beschäftigungszahlen wie die vergleichbaren Unternehmen des letzten Jahrhunderts aufweisen. Teilweise sind in den letzten Jahren sinkende Produktionsmengen pro Beschäftigten festzustellen, was außer durch die zeitweise verringerten Absatzmöglichkeiten vor allem durch die veränderte Auftragsstruktur bedingt ist. Die im Durchschnitt in den letzten Jahren geringer gewordene Auflagenhöhe pro Dessin verursacht größere Rüstzeiten[104], woraus sich bei gleichbleibender Arbeitszeit und Beschäftigtenzahl und bei konstanter Maschinenausstattung ein sinkender Ausstoß ergeben muß. Aus der Entwicklung der Ausbringung pro Beschäftigten allein läßt sich demnach kein Maßstab für die jeweilige Lage der Druckereien gewinnen, diese Größe kann nur in Verbindung mit anderen Faktoren zuverlässige Aussagen ermöglichen, zumal schon der Begriff Beschäftigte im Zeitablauf gewissen Wandlungen unterworfen ist. Die Mitberücksichtigung der in der Verwaltung Tätigen, deren Anteil stetig wächst, führt zu anderen Ergebnissen als die

[104] Vgl. S. 33.

Zugrundelegung ausschließlich der Druckereiarbeiter. Firmen, die sich lediglich mit der Produktion befassen und den Ein- und Verkauf getrennt davon durch eigene Handelsunternehmen vornehmen lassen, wie es teilweise im Elsaß recht verbreitet war, gelangen daher zu günstigeren Resultaten. Da jedoch die ohnehin schon spärlichen Angaben für die Stoffdruckereien keine derartige Differenzierung zulassen, müssen hier die relativ ungenauen Aussagen genügen.

Die im Verlauf der vergangenen 150 Jahre immer mehr zunehmende Bedeutung des Produktionsfaktors Kapital macht eine Berechnung von Größen wie dem Kapitalkoeffizienten und der Kapitalintensität wünschenswert, um auch von dieser Seite her den Entwicklungsprozeß verfolgen zu können. Sowohl die den Kapitalbestand des ganzen Wirtschaftszweiges betreffenden Angaben wie auch die entsprechenden Aussagen über einzelne repräsentative Firmen sind aber leider so ungenau und uneinheitlich, daß sie für eine langfristige Untersuchung eine derartige Verwendung nicht zulassen. Die für einzelne Zeitpunkte vorhandenen Maschinenpreise oder Anlagewerte erlauben selbst bei einer Ergänzung lediglich verfälschte Angaben über den jeweiligen Zustand, ganz abgesehen von den meist für diese Perioden nicht verfügbaren Produktions- und Beschäftigtenzahlen. Da der Stoffdruck jedoch kurzfristig starken konjunkturellen Schwankungen ausgesetzt ist[105], könnte ein Außerachtlassen des Faktors Zeit ein völlig falsches Bild hervorrufen, beispielsweise dann, wenn die Produktion der Hochkonjunktur auf einen in einer andauernden Depression ermittelten Kapitalbestand bezogen wird. Alle diese Gründe sprechen daher für den Verzicht auf die an sich so aussagefähigen Relationen und für ein Begnügen mit den vorhandenen Ergebnissen.

V. Zusammenfassung der Ergebnisse

Bei der Betrachtung der langfristigen Entwicklung des Stoffdrucks wurde versucht, wenigstens in etwa die Vielfalt der Vorgänge einzufangen, welche in den vergangenen 150 Jahren den Prozeß wesentlich beeinflußt haben. Es zeigt sich dabei im Verlauf der Betrachtung, daß nicht alle theoretisch möglichen Einflüsse wirksam geworden sind, daß aber andererseits Faktoren von großer Bedeutung sind, die außerhalb des rein ökonomischen Bereichs liegen.

Die Beobachtung der gesamten untersuchten Epoche macht deutlich, daß die anfänglich vorhandenen Einflüsse des Standortes mit der Zeit fast völlig verschwunden sind und daß in der Gegenwart von der Produktionsseite her praktisch an nahezu allen Orten Druckereien errichtet werden können. Viel wesentlicher als die von der Lage bestimmten Gegebenheiten ist die Erfassung der jeweils vorhandenen Situation. So haben der mechanisierte Druckvorgang und die Anpassung des ganzen Druckprozesses an diese Mechanisierung, die Entwicklung der Farbchemie, die Wandlungen auf dem Rohgewebesektor etc. ziemlich bald zur Entstehung von relativ großen Betrieben geführt, und die günstigen Erfolgsaussichten unterstützen dies Bestreben. Die infolge der technischen Verbesserungen und

[105] Nähere Angaben dazu in Teil 2.

der sich daraus ergebenden großen Investitionen entstandenen Druckkapazitäten übersteigen bald das Aufnahmevermögen der inländischen Konsumenten und verlangen nach einer Vergrößerung des Absatzmarktes. Der sich jetzt entwickelnde Export läßt noch mehr als der Inlandsabsatz die nicht zu übersehenden exogenen Einflüsse deutlich werden, an die es sich ebenso anzupassen gilt wie an die modische Entwicklung. Diese Angleichung bezieht sich sachlich auf die Veränderung der Betriebsgröße, auf die Zunahme des eingesetzten Kapitals im Vergleich zur lange Zeit vorherrschenden Arbeitskraft und auf die Wahl der Form, in welcher die Druckerei betrieben werden soll (Eigen-, Lohn- oder Betriebsdruck). Auch die Bildung von Zusammenschlüssen unterschiedlicher Art ist nicht ohne Bedeutung. Viel maßgebender ist jedoch die Beweglichkeit und Anpassungsfähigkeit des einzelnen Unternehmers, denn nur dieser gelingt es, sich den jeweiligen Veränderungen erfolgreich anzugleichen.
Um die aufgezeigte Entwicklung noch etwas deutlicher werden zu lassen, wurde versucht, die Fakten durch einige Zahlenangaben zu ergänzen. Die vorhandenen Angaben erlauben allerdings nur eine fragmentarische Abrundung des aufgezeigten Ablaufs. Die etwas dürftigen zahlenmäßigen Aussagen lassen sich für die Gegenwart jedoch verbessern. Im zweiten Teil wird daher als Ergänzung zur langfristigen Betrachtung an Hand der verfügbaren Statistiken die Entwicklung in unserer Zeit beobachtet.

ZWEITER TEIL

Die Entwicklung des Stoffdrucks der Bundesrepublik in der Zeit von 1950 bis 1962

Vorbemerkungen

Bei der Darstellung der langfristigen Entwicklung des Stoffdrucks, die ja auch für die Gegenwart aufschlußreich ist, konnten wegen der Größe des Zeitraums im wesentlichen nur Schwerpunkte aufgezeigt, nicht aber Einzelheiten herausgestellt werden, ganz unabhängig davon, ob für die verschiedenen Perioden detaillierte Angaben vorhanden sind oder nicht. Eine sich mit der Stellung des Stoffdrucks beschäftigende Analyse sollte aber neben den vorwiegend historischen Tatbeständen – so wichtig sie auch sein mögen – als Ergänzung auch die gerade vergangenen Jahre eingehender berücksichtigen, da diese in erster Linie für das wirtschaftliche Geschehen der Gegenwart von Bedeutung sind.
Wie die Entwicklung des Stoffdrucks erkennen läßt[106], bieten sich für eine kurzfristige Untersuchung die zurückliegenden zehn bis fünfzehn Jahre an, weil auch für diesen Wirtschaftszweig als Folge des zweiten Weltkriegs erhebliche Veränderungen eingetreten sind. So liegen beispielsweise die Hauptzentren des deutschen Stoffdrucks, zumindest vom Ende des 19. Jahrhunderts an, im Gebiet der heutigen Bundesrepublik[107], und der seit 1945 im Verhältnis zur wenig veränderten Kapazität erheblich verkleinerte Inlandsmarkt ist mithin ein Datum, das neben den einschneidenden außenpolitischen Wandlungen, welche alle Branchen berühren, hier besonders ins Gewicht fällt. Im Zusammenhang mit diesen, eine neue Periode begründenden Fakten lassen die Kriegsfolgen und der Wiederaufbau eine eingehende Untersuchung erst nach einer annähernden Normalisierung der Verhältnisse sinnvoll erscheinen. Ein solcher Zeitpunkt ist um 1950 erreicht, und etwa zur gleichen Zeit beginnt man, entsprechende Fachstatistiken zu führen, so daß sich von da an die Entwicklung auch größenmäßig erfassen läßt. Im folgenden soll daher an Hand von Produktions-, Umsatz-, Außenhandels-, Beschäftigungszahlen etc. der Prozeß in den vergangenen zwölf Jahren möglichst eingehend verfolgt werden.

I. Die Situation des westdeutschen Stoffdrucks bei kurzfristiger Betrachtung

1. Der allgemeine Entwicklungsprozeß von 1950 bis 1962

Den umfassendsten Überblick über den Gesamtverlauf vermitteln auch bei einer kurzfristigen Betrachtung die Produktion der Stoffdruckereien und deren Ver-

[106] Vgl. S. 53.
[107] Dabei bleiben Österreich, Böhmen, Mähren und das Sudetenland unberücksichtigt.

änderungen. Dabei wird im wesentlichen von der Produktionsmenge ausgegangen werden müssen, weil diese auf Grund der besonderen Verhältnisse im Veredlungs- bzw. Stoffdrucksektor – trotz der so kaum oder gar nicht sichtbar werdenden Unterschiede in der Qualität – die sichersten Aussagen gewährleistet. Es entsteht nämlich durch die Unterscheidung der Unternehmen in Eigen-, Lohn- und Betriebsdruckereien bei der wertmäßigen Erfassung ein spezielles Problem, welches unabhängig von den vorhandenen Preisveränderungen, die sich mit Hilfe von Indizes ausschalten ließen, zutage tritt: So ist allein bei den Eigendruckwaren im Umsatz außer den Veredlungskosten ein Marktpreis für Rohgewebe enthalten, während bei den Lohndruckern nur die Veredlungsentgelte aufgezeichnet werden und der Rohgewebepreis unberücksichtigt bleibt. Die Betriebsdruckereien dagegen legen ihren Kalkulationen einen im Unternehmen selbst errechneten Gewebepreis zugrunde, der mit dem Marktpreis nicht übereinzustimmen braucht. Andererseits sind wiederum die Veredlungskosten der Eigen- und Betriebsdrucker nicht ausgewiesen, so daß letztlich die Produktionsmenge, die in dem alle Stoffbreiten berücksichtigenden Maß qm erfaßt wird, die aussagefähigste Größe bleibt. Gleichwohl lassen sich für die Gruppe der Eigendrucker ergänzend dazu mengenmäßiger Ausstoß und Umsatzentwicklung gegenüberstellen.
Vergleicht man die in den folgenden Abb. 11 und 12 dargestellte Produktionsentwicklung mit jener in Abb. 6 auf S. 53, so wird unmittelbar deutlich, daß der langfristig stetigen Zunahme keineswegs ein ähnlich gleichmäßiges kurzfristiges Wachstum entspricht, sondern daß auch hier, ebenso wie bei anderen Wirtschaftszweigen, mehr oder minder große Schwankungen der wirtschaftlichen Aktivität vorhanden sind. Dennoch kann der auch in den Jahren nach 1950 steigende Trend

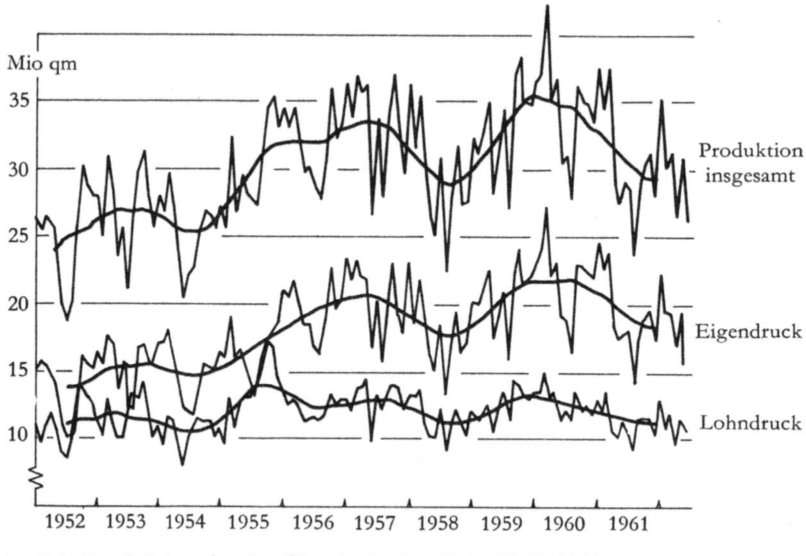

Abb. 11 Die Produktion des Stoffdrucks in der BRD 1952–1961 (in Mio. qm)
Quelle Textilfachstatistik 1952–1962.

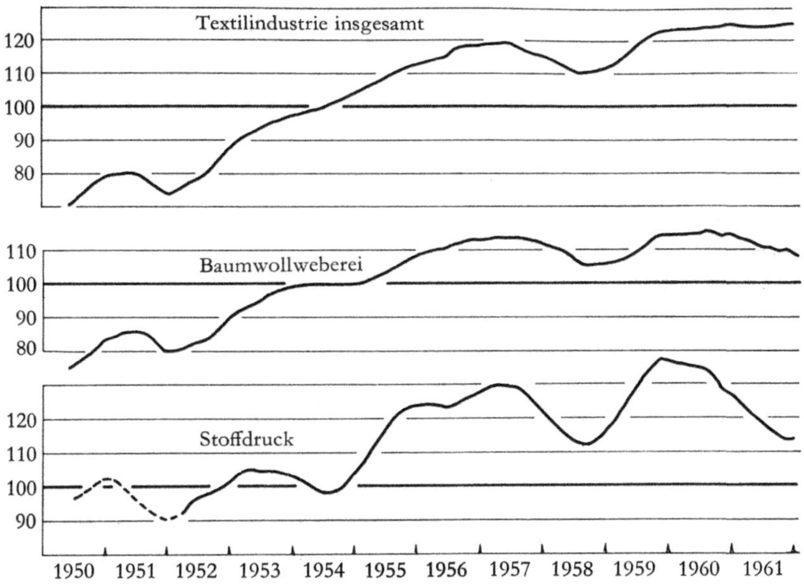

Abb. 12 Die Produktion der Stoffdruckereien, Baumwollwebereien und gesamten Textilindustrie (1954 = 100)

Quelle Textilfachstatistik 1952–1962 bzw. Die Industrie der BRD Teil 2 und Sonderheft 8.

nicht übersehen werden. Der Vergleich mit der Textilindustrie insgesamt (s. Abb. 12) zeigt sogar, daß der Ausstoß der Stoffdruckereien im Verhältnis stärker gewachsen ist[108]. Allerdings ist darüber hinaus erkennbar, daß die Ausdehnung zeitweilig durch beachtliche Produktionsrückgänge unterbrochen wird, welche in ihrem Ausmaß die des gesamten Wirtschaftsbereichs erheblich übertreffen. Bei derartigen Feststellungen ist jedoch zu berücksichtigen, daß durch eine Zusammenfassung von unterschiedlichen Einzelerscheinungen zu einer Gesamtheit – was ja beispielsweise für die Textilindustrie als Ganzes zutrifft – zumeist ein ausgeglichenerer Verlauf erzielt wird und daß sich deshalb allein aus einer Gegenüberstellung solch verschiedenartiger Reihen noch keine besondere Empfindlichkeit eines speziellen Sektors ableiten läßt. Der Stoffdruck gehört jedoch tatsächlich zu den Bereichen der Textilindustrie, die für konjunkturelle Schwankungen am anfälligsten sind, sei es auf Grund des hohen Anteils der modischen Artikel (etwa die Hälfte der Erzeugnisse), wegen der Konsumnähe jener Stufe, infolge der Sonderbewegungen des Exports oder auch sonstiger Einflüsse. Von diesem Blickwinkel aus ist die Entwicklung der Produktion allerdings ein recht eindrucksvoller Beleg für die angeführte These: Es lassen sich beim Stoffdruck für die Periode ab 1950

[108] Dabei wird von der 1954 bestehenden Situation ausgegangen. Das Jahr 1954 wurde als Basis dem zumeist verwendeten Ausgangsjahr 1950 vorgezogen, weil die westdeutsche Produktion zu dieser Zeit wieder ein verhältnismäßig normales Niveau erreicht hat. Bei Vergleichen werden dadurch sachlich richtigere Beurteilungen möglich.

nämlich mit einer gewissen Regelmäßigkeit alle zwei bis drei Jahre Einbrüche von größerer Intensität feststellen, denen in der gesamten Textilindustrie oder in der Baumwollweberei – als hauptsächlicher Vorstufe des Drucks, der mit über 50% Baumwolldruck ist – mitunter nur ein verlangsamtes Wachstum oder eine Stagnation entspricht.

Gemeinsam sind allen erwähnten Bereichen die Krisen der Jahre 1951/52 und 1958. Der Rückgang von 1961/62 betrifft vorwiegend Stoffdruck und Baumwollweberei, während für den textilen Sektor insgesamt eine Stagnation kennzeichnend ist. In der dann noch verbleibenden Zeitspanne aber sind außer dem Anstieg als solchem keine auffallenden Gemeinsamkeiten zu verzeichnen, und es entsteht die Frage, worauf diese Sonderentwicklung des Stoffdrucks beruht. Zur Ergründung der Voraussetzungen ist jedoch die Einbeziehung von Komponenten erforderlich, die bei der bisherigen, mehr globalen Betrachtung unberücksichtigt blieben.

2. Die Produktionsstruktur

Von besonderem Interesse dürfte einmal die Zusammensetzung der sich auf etwa 400 Mio. qm belaufenden Produktion der Stoffdruckereien sein. Ein Blick auf Abb. 13 zeigt, daß überwiegend Gewebe für Wäsche und Bekleidung bedruckt werden und daß daneben die anderen Artikel nicht allzusehr ins Gewicht fallen. Die Entwicklung dieser vorherrschenden Gruppe, welche etwa vier Fünftel der Ausbringung umfaßt, bestimmt somit entscheidend den Gesamtverlauf, und die

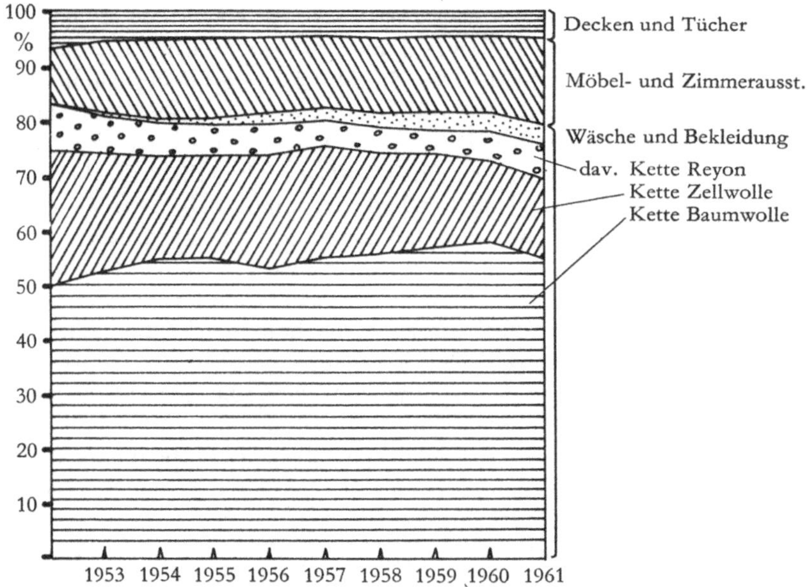

Abb. 13 Die Struktur der westdeutschen Stoffdruckproduktion in der Zeit von 1952 bis 1961

Quelle Textilfachstatistik 1952–1961.

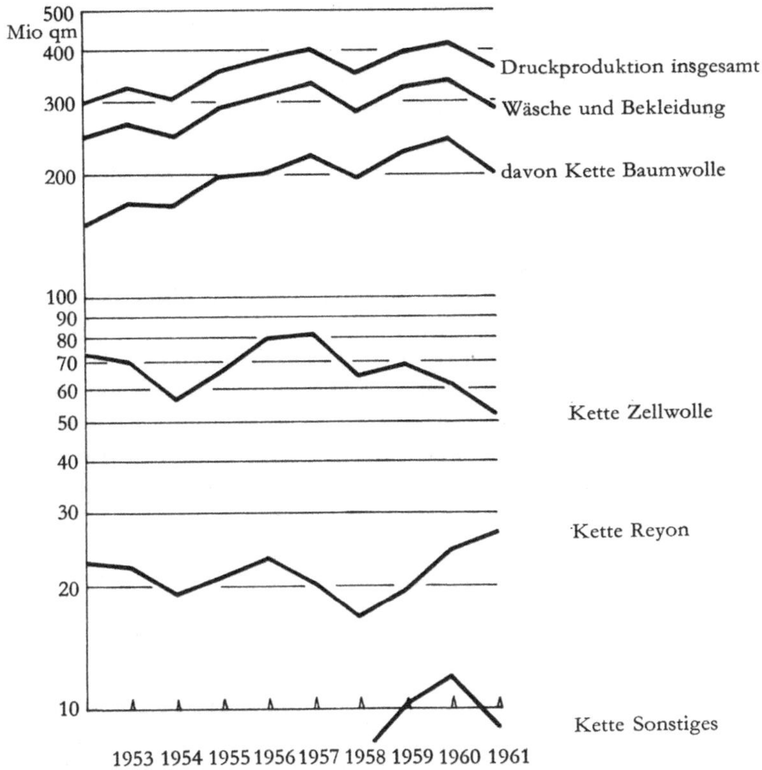

Abb. 14 Der Rohstoffeinsatz bei Druckstoffen für Wäsche und Bekleidung
Quelle Textilfachstatistik 1952–1961.

übrigen Erzeugnisse üben im Vergleich dazu nur einen geringen Einfluß aus. Doch hat die Position »Gewebe für Wäsche und Bekleidung« bei absolut steigendem Ausstoß seit 1952 etwas an Bedeutung verloren (ca. 3%), weil das Bedrucken anderer Artikel, besonders das von Geweben für Möbel- und Zimmerausstattung, im Verhältnis stärker ausgedehnt wurde. Für diesen relativen Rückgang dürften verschiedene Gründe maßgebend sein. So ist neben modisch und wettermäßig bedingten Einwirkungen auch eine Veränderung der Verbrauchsgewohnheiten möglich, sei es, daß die bisher hauptsächlich verwendeten Rohgewebe Baumwolle und Zellwolle vom Konsumenten nur noch in geringerem Maße verlangt werden, sei es infolge einer allgemeinen, mehr tendenziellen Verlagerung vom Wäsche- und Bekleidungsbereich auf den Heimtextiliensektor, was ein Ausfluß des inzwischen weitgehend gedeckten Nachholbedarfs ist.
Untergliedert man die Position *Wäsche und Bekleidung* nach den verwendeten Rohgeweben[109] (s. Abb. 13 und 14), so ergibt sich für *Baumwolldruckwaren* grundsätz-

[109] Die Gewebe wurden statistisch bisher nach dem für die Kette verwendeten Rohmaterial eingeteilt, seit 1963 wird das in der Hauptsache dafür gebrauchte Rohmaterial zugrunde gelegt.

lich eine Aufwärtsentwicklung, was jedoch gewisse Schwankungen und einen starken Einbruch in den letzten zwei Jahren nicht ausschließt. Damit läßt der Stoffdruck in diesem Bereich einen ähnlichen Aufstieg erkennen, wie er bei der Produktion von Baumwollmeterwaren feststellbar ist (vgl. Tab. 5 im Anhang). Dort hat sich in den vergangenen zehn Jahren vor allem die Erzeugung von Stoffen für Frauen-, Mädchen- und Kinderbekleidung – im folgenden als Damenkleiderstoffe bezeichnet –, für Wäsche sowie für Möbel und Dekorationen erheblich ausgedehnt. Anders ist es dagegen bei den bedruckten *Zellwollgeweben*, deren Produktion sowohl relativ als auch absolut abnahm (s. Tab. 4 im Anhang), eine Entwicklung, die auch für die Zellwollmeterware zutrifft. Hierbei handelt es sich um Einwirkungen, die von der Nachfrageseite ausgehen, nicht aber um Schwierigkeiten technischer Art, welche den Druck beeinträchtigen oder ausschließen. Die *Gewebe mit Reyonkette* weisen hingegen keine einheitliche Entwicklung auf[110]. Sie haben nach zwischenzeitlichem Rückgang ihren ursprünglichen Anteil an der Ausbringung wieder erreicht, was bei der innerhalb von zehn Jahren um 25–30% gestiegenen Gesamtproduktion natürlich einen absoluten Zuwachs bedeutet. Wie Tab. 5 zeigt, hat sich bei den unbedruckten Reyonmeterwaren vor allem die Futterstoffherstellung erheblich ausdehnen können, während die Produktion von Damenkleiderstoffen eingeschränkt wurde. Als letzte Gruppe sind schließlich noch bedruckte Wäsche- und Kleiderstoffe aus »*sonstigen Rohgeweben*« anzuführen, d. h. aus synthetischen Fasern und Fäden, aus Seide, Wolle etc. Sie machen zwar nur einen sehr kleinen Teil der Hauptposition aus (etwa 3%), zeigen aber seit einigen Jahren ein beachtliches Wachstum, das nicht übersehen werden sollte, vor allem deswegen, weil die deutschen Stoffdruckereien im Druck von Synthetic-Gewirken eine führende Stellung einnehmen. Noch interessanter wird dieser Anstieg, wenn bei den Meterwaren die entsprechenden Rohgewebe berücksichtigt werden. So ist die Produktion wollener Damenkleiderstoffe in dem beobachteten Zeitraum von 32 Mio. qm auf 57 Mio. qm gestiegen, und bei Synthetics wurde innerhalb der letzten sieben Jahre der Ausstoß verfünffacht. Seidene Damenkleiderstoffe sind dagegen weniger gefragt. Faßt man die Entwicklung von unbedruckten Stoffen aus Wolle und Synthetics zusammen, so ergibt sich für das Jahr 1961 eine Produktion von 163 Mio. qm, wovon 91 Mio. qm auf Damenkleider- und Wäschestoffe entfallen, also etwa die gleiche Menge, die an einfarbigen oder buntgewebten baumwollenen Kleiderstoffen hergestellt wird. Daher ist es besonders bedauerlich, daß es sich hierbei um einen Bereich handelt, der beim Stoffdruck bislang kaum ins Gewicht fällt. Das liegt einmal daran, daß Stoffdruck hauptsächlich Baumwolldruck und deshalb vor allem Sommerware ist. Zum anderen ist bei den neu aufkommenden Synthetics eine gewisse Anlaufzeit erforderlich, weil bisher unbekannte Fasern auch die Anwendung geeigneter Druckfarben und -verfahren verlangen, damit die Fertigware den Ansprüchen, die an Licht- und Farbechtheit gestellt werden, genügt. Wenn es jedoch den Druckern gelänge, die Zeiten des Ex-

[110] Öfters werden von den Firmen Druckstoffe aus Synthetics unter der Position »Sonstiges« oder »Reyon« ausgewiesen, so daß sich die positive Entwicklung bei den Synthetics teilweise hier niederschlägt.

perimentierens durch Erfahrungsaustausch, Zusammenarbeit mit der chemischen Industrie etc. zu verkürzen oder an dem zunehmenden Verbrauch von Wollstoffen teilzuhaben, könnte vermutlich ein gewisser Ausgleich für den Rückgang bei den traditionellen Geweben geschaffen werden.

Der Druck von *Stoffen für die Möbel- und Zimmerausstattung* ist ein völlig anderer Bereich. Infolge des unterschiedlichen Verwendungszweckes wird er von Wetter und Kleidermode nicht berührt und orientiert sich vor allem an der Innenraumgestaltung. Neben den vielen Neubauwohnungen beeinflußt die nahezu alle Bevölkerungsschichten erfassende Neigung, der Heimgestaltung mehr Gewicht beizulegen, die mengenmäßige Entwicklung. Unter Berücksichtigung dieser Faktoren erstaunt das Wachstum des Sektors auch beim Stoffdruck nicht. Mit Ausnahme des Krisenjahres 1958 nimmt die jährlich hergestellte Menge stetig zu, so daß sie 1961 trotz des allgemeinen Rückgangs bei Druckstoffen mit 58 Mio. qm rd. 45% über dem Ausgangsniveau liegt (vgl. Tab. 4 im Anhang). Einen solchen Anstieg haben die unbedruckten Möbel- und Dekorationsstoffe in den angegebenen acht Jahren nicht aufzuweisen (+ 20%). Daraus ist zu entnehmen, daß – unabhängig von der im ganzen belebenden Raumwirkung gemusterter Stoffe sowohl für modern als auch für mit Stilmöbeln eingerichtete Wohnungen und ohne Berücksichtigung der vom Preis ausgehenden Einflüsse – die Stoffdrucker den Konsumenten besonders ansprechend gemusterte Artikel angeboten haben.

Eine ebenfalls steigende, wenn auch weniger einheitliche Tendenz zeigt der Druck von *Decken*, *Schals*, *Taschentüchern* etc., kurz Decken- und Tücherdruck genannt. Er unterscheidet sich von den bisher erwähnten Warengruppen durch seine Zwischenstellung, d. h. durch die Herstellung sowohl von Wäsche- und Bekleidungsartikeln wie von Dekorationsstoffen und ferner durch besondere Mustergestaltung (abgepaßt, nicht fortlaufend). Seine Produktionszunahme liegt bei etwa 30%. Hier wird ein schon 1955 – also verhältnismäßig früh – erreichter Höhepunkt nur noch unwesentlich überschritten, und die durchschnittliche Ausbringung liegt sogar darunter (s. Abb. 15). Gleichwohl umfaßt dieser Zweig immer gut 1% der gesamten Stoffdruckproduktion.

Der für die großen Druckbereiche aufgezeigte Prozeß tritt noch klarer zutage, wenn man statt der jährlichen Produktionsmengen die entsprechenden Monatszahlen verwendet. Auf diese Weise werden auch die kurzfristigen Schwankungen sichtbar, und an Hand einer so durchführbaren differenzierten Betrachtung dürfte das tatsächliche Geschehen besser einzufangen sein als bislang. In Abb. 15 heben sich die einzelnen Sektoren ganz deutlich voneinander ab, und die unterschiedliche Entwicklung ist unverkennbar. Den stetigsten Verlauf weisen die bedruckten Gewebe für Möbel- und Zimmerausstattung auf; hier sind die Ausschläge von geringerem Ausmaß als bei den anderen Sektoren, teilweise fehlen sie sogar ganz. Sieht man beim Decken- und Tücherdruck von dem besonders starken Anstieg im Jahre 1955 ab, so ist ebenfalls ein relativ gleichmäßiger Ablauf erkennbar. Der Bereich mit den auffallendsten Veränderungen ist der Wäsche- und Bekleidungsstoffdruck, also der Zweig, der von Witterung, Modewechsel und sich wandelnden Verbrauchsgewohnheiten am meisten abhängig ist. Bei dieser, den Menschen am unmittelbarsten berührenden Gruppe, welche ja den größten Teil der Produktion

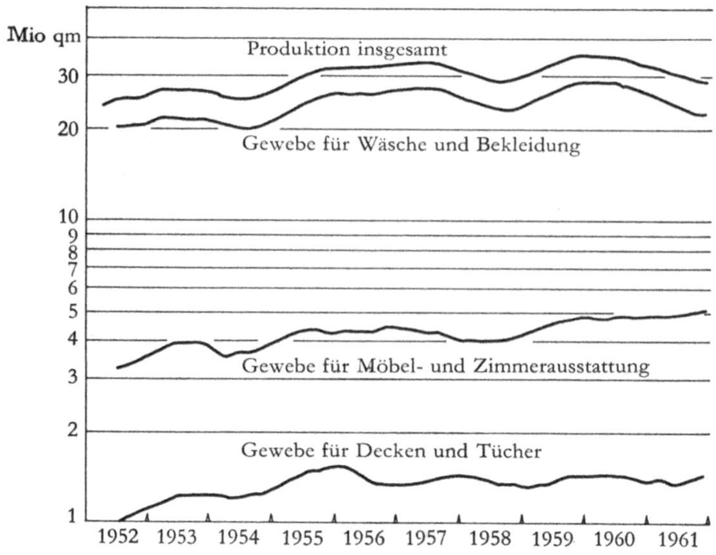

Abb. 15 Die monatliche Stoffdruckproduktion von 1952 bis 1961 (in Mio. qm, gleitende Durchschnitte)
Quelle Textilfachstatistik 1952–1962.

(gut 80%) umfaßt, werden mithin Einflüsse wirksam, die bei den beiden anderen Sektoren weniger ins Gewicht fallen, seien sie nun ökonomischer oder psychologischer Natur. Es ist jedoch kaum möglich, die einzelnen außerökonomischen Einwirkungen ihrem Ausmaß entsprechend voneinander zu trennen. Im günstigsten Fall läßt sich der für die jeweilige Periode vorherrschende Faktor erkennen. Erfaßbarer sind dagegen die wirtschaftlichen Sachverhalte, und ein sehr wesentlicher Einflußbereich ist die Entwicklung der Preise. Sie wird vor allem den mengenmäßigen Ausstoß bestimmen und ist infolgedessen von besonderem Interesse.

3. Die wert- und mengenmäßige Entwicklung im Vergleich

Diesem Interesse ist jedoch nicht ohne weiteres zu genügen, da, wie schon erwähnt, Angaben über Produktions- bzw. Umsatzwerte nur für den Eigendruck vorhanden sind. Eine Gegenüberstellung der mengenmäßigen Eigendruckproduktion und der dazugehörigen Wertangaben (s. Abb. 16) zeigt, daß in beiden Fällen durchweg die gleiche Entwicklungsrichtung vorhanden ist, daß jedoch – bei Zugrundelegung des Jahres 1954 als Basis[111] – seit etwa 1956 die wertmäßige Ausbringung im allgemeinen mehr zunimmt als die mengenmäßige. Das gilt besonders

[111] Vgl. Fußnote S. 63.

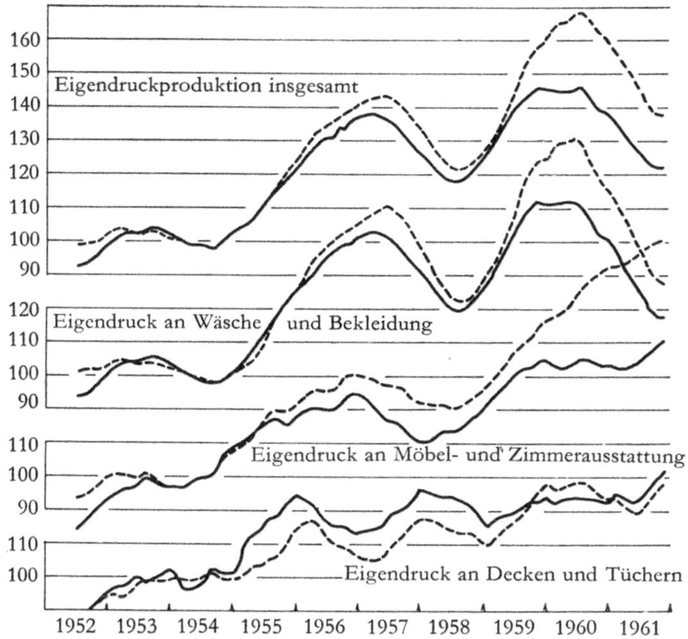

Abb. 16 Die monatliche Stoffdruckproduktion der BRD mengen- und wertmäßig Eigendruck 1952–1961
(1954 = 100)
Quelle Textilfachstatistik 1952–1962.

für die obere Hälfte des Aufschwungs, den Höhepunkt und einen Teil des Niedergangs, während sich in der Depression und in der ersten Aufschwungsphase die Vorgänge einander angleichen. Auch beim Lohndruck (vgl. Abb. 17) steigen die Veredlungsentgelte stärker als die Produktion, und zwar setzt dort dieser Prozeß schon ein Jahr früher ein. Außerdem ist in jenem Sektor keine zeitweilige Anpassung von mengen- und wertmäßiger Entwicklung feststellbar. Als Ursachen derartigen Geschehens sind sowohl für den Eigen- als auch für den Lohndruck steigende Rohstoffpreise und Löhne und auch Qualitätsverbesserungen denkbar. Betrachtet man zunächst den Lohndruck, bei dem ja bei einer wertmäßigen Erfassung infolge der nicht berücksichtigten Rohgewebe nur Löhne, Materialkosten etc. oder Ertragszuwächse zu Buche schlagen können, so läßt der verhältnismäßig gleichartige Verlauf der Kurven in Abb. 17 nicht auf stark schwankende Gewinnchancen schließen. Auch die Darstellung der durchschnittlichen Lohndruckentgelte pro qm (s. Abb. 18) zeigt eine recht einheitliche Tendenz, so daß anzunehmen ist, daß der zeitweilig unterschiedliche Zuwachs bei mengen- und wertmäßig ausgewiesener Eigendruckproduktion in der Hauptsache vom Rohgewebesektor bzw. von den dort zu erlangenden Preisen ausgeht, zumal Löhne, Materialkosten etc. für beide Bereiche die gleichen sind. Durch die Gegenüberstellung von Eigendruck und dem Dienstleistungen anbietenden Lohndruck wird für den ersteren

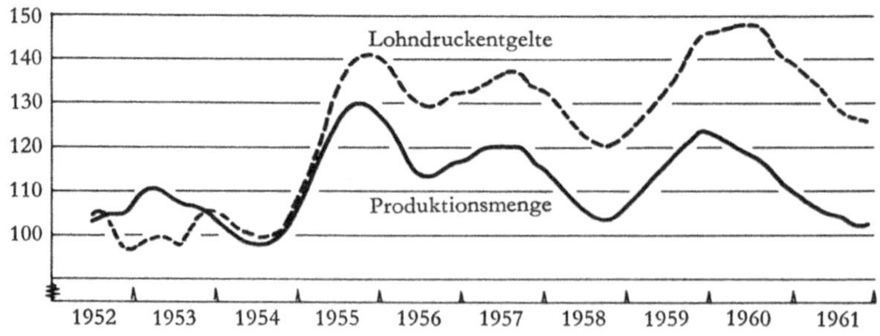

Abb. 17 Die monatliche Lohndruckproduktion und die Lohndruckentgelte der BRD von 1952 bis 1961
(1954 = 100)
Quelle Textilfachstatistik 1952–1962.

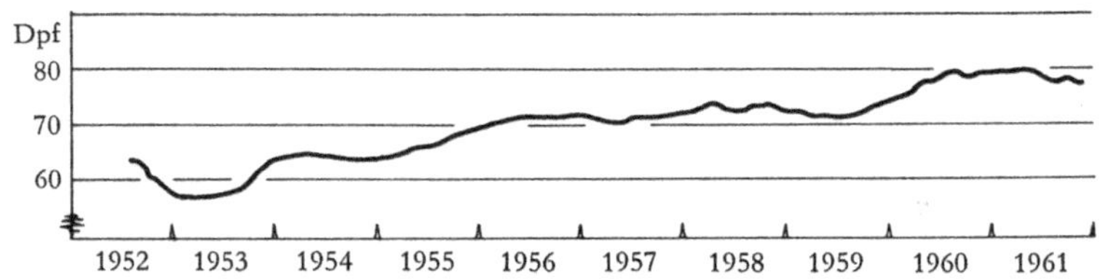

Abb. 18 Die Entwicklung der durchschnittlichen Lohndruckentgelte pro qm in der BRD von 1952 bis 1961 (in Dpf)

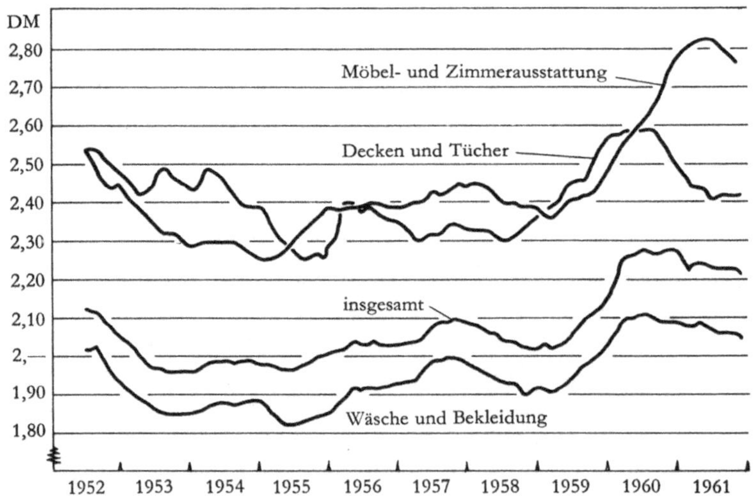

Abb. 19 Die Entwicklung der durchschnittlichen Preise pro qm Eigendruckware in der BRD von 1952 bis 1961 (in DM)

ein Teil seines zusätzlichen Unternehmerrisikos sichtbar. Dieses schließt die Möglichkeit einer Preiserhöhung bei steigender Nachfrage und damit wachsende Erlöse mit ein, umfaßt aber andererseits auch entsprechende Verluste in Zeiten des Rückgangs. Die Annahme größerer Beweglichkeit der Eigendrucker wird auch durch die Entwicklung der durchschnittlichen Preise pro qm bedruckten Gewebes bestätigt: Während beim Lohndruck ein kontinuierlicher Anstieg zu verzeichnen ist, zeigt sich beim Eigendrucksektor insgesamt und bei den einzelnen Teilbereichen (vgl. Abb 19) ein recht lebhafter Verlauf. In etwa stimmt die Tendenz der Durchschnittspreise mit der der Produktion überein, so daß sich erstere in Perioden zunehmender Nachfrage und infolgedessen wachsender Ausbringung erhöhen, wogegen sie in Depressionszeiten dann zurückgehen. Wird aber das Preisniveau der für den Inlandsmarkt bestimmten Druckstoffe mit dem der Exportartikel verglichen, so weist das erstere eine größere Stabilität auf. Dies ist teilweise auf größere Verschiebungen bei den Exportartikeln zurückzuführen. Den Eigendruckern bleibt also insgesamt bei der Preisgestaltung ein größerer Spielraum als den Lohndruckern, was hauptsächlich durch das unterschiedliche Verhältnis zu den Rohgeweben begründet ist. In diesem Zusammenhang ist es interessant zu wissen, daß nur in der Bundesrepublik der Eigendruck stark vertreten ist und daß in den übrigen europäischen Ländern Betriebs- und Lohndruck bzw. Konzerne vorherrschen.

Betrachtet man zur Ergänzung nun noch kurz die einzelnen Teilbereiche des Eigendrucks, so sind auch hier bedeutende Unterschiede festzustellen. Während die schon angeführte Gesamtentwicklung im wesentlichen vom Sektor Wäsche und Bekleidung bestimmt wird, führt bei dem aufstrebenden Zweig der Druckstoffe für Möbel- und Zimmerausstattung das Auseinanderklaffen von mengen- und wertmäßigem Verlauf zu stark steigenden Durchschnittspreisen, welche mit 2,80 DM und mehr pro qm die der anderen Gruppen beachtlich übertreffen. Zum Teil sind diese Preise allerdings den verwendeten hochwertigen Rohgeweben zuzuschreiben. Auch beim Decken- und Tücherdruck ist eine gewisse Eigenständigkeit unverkennbar. Besonders fällt dabei auf, daß – mit Ausnahme des Jahres 1960 – an Stelle der Werte der mengenmäßige Ausstoß stärker zunimmt, was einerseits durch die großen Exportlieferungen von 1955/56 hervorgerufen sein mag, andererseits jedoch durch den besonderen Charakter der Produktion bedingt ist. Bevor nun aber bei allen Bereichen mehr auf Einzelheiten eingegangen wird, soll der skizzierte Ablauf noch durch ein paar andere wichtige Faktoren ergänzt werden.

4. *Die tendenziellen Veränderungen bei den Lagerbeständen*

An Hand der bisherigen Überlegungen ist versucht worden, die anfänglich unerklärbare, starken Schwankungen unterworfene Entwicklung des Stoffdrucks etwas durchsichtiger zu machen, wenn auch bis jetzt nur stellenweise eine Begründung dafür vorgebracht wurde. Noch immer sind aber einige Fakten, deren Einfluß für eine Beurteilung der Gesamtsituation von Bedeutung ist, nicht mit einbezogen. So drängt sich bei einer Analyse der Produktion geradezu die Frage nach den

Lagerbeständen auf. Diese sind in mehrfacher Hinsicht wichtig. Einmal interessieren die Bestände an Fertigwaren bzw. die Möglichkeit einer solchen Lagerbildung, weil ja beim großenteils modischen Stoffdruck umfangreiche Dauerlagerbestände mitunter schon einen gewissen Verlust bedeuten. Zum anderen ist der Teil der Produktion bemerkenswert, der nicht auf Bestellung, sondern zur freien Disposition hergestellt wird, und schließlich dürfte für den Eigendrucker auch das Rohwarenlager von Belang sein. Alle diesbezüglichen Überlegungen sind aber auf den Eigen- bzw. Betriebsdruck beschränkt, wogegen es sich beim Lohndruck mehr um ein vorübergehendes Aufbewahren für den Auftraggeber oder dessen Abnehmer handelt.

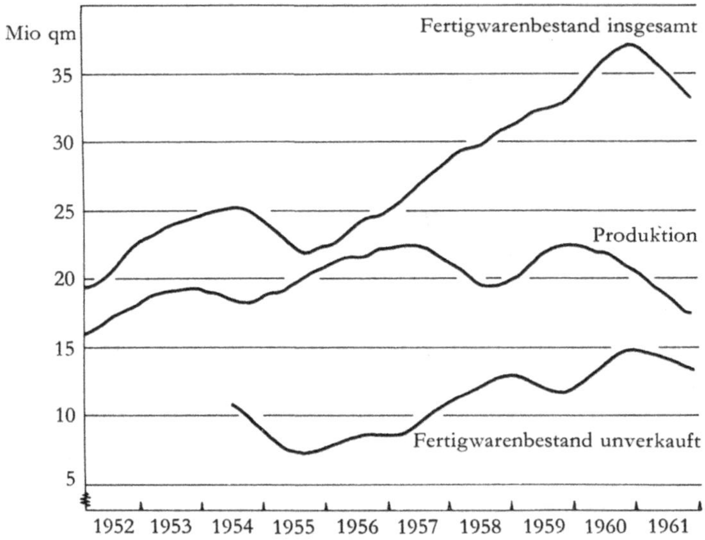

Abb. 20 Produktion und Fertigwarenbestände (insgesamt und unverkauft) der Eigendrucker in der BRD von 1952 bis 1961

Quelle Vereinigung der Stoffdruckereien e.V., Bonn

Überblickt man die Entwicklung des gesamten Fertigwarenbestandes (s. Abb. 20), so ist im großen und ganzen eine stetige Zunahme zu verzeichnen; ausgenommen sind die Jahre 1955 und 1961. Die niedrigsten Lagerbestände finden sich, ähnlich wie beim Produktionsverlauf, in den Sommermonaten; sie steigen dann von Oktober bis April/Mai merklich, d. h. in der Regel etwa um ein Drittel an. Im Jahre 1961 belaufen sich die Fertigwarenbestände ungefähr auf eine Monatsproduktion und nehmen dann ständig zu, so daß vom Zeitpunkt der Nachkriegsproduktionsspitze an (1960/61) durchschnittlich ein Ausstoß von knapp zwei Monaten gelagert wird. Diese Menge entspricht in etwa auch den Reserven der Baumwollweberei[112]. Bei den Stoffdruckern ist jedoch ein Teil dieser Bestände

[112] Ausführlichere Angaben dazu bei Lösch, Hans Peter, »Die Textilkonjunktur im Rahmen des allgemeinen Wirtschaftsablaufs«, erscheint demnächst.

bereits verkauft. Der Anteil der unverkauften Fertigwaren hat mit gut 35% der Produktion in den Jahren 1955/56 seine geringste Ausdehnung und wächst dann in der folgenden Zeit an, wenn auch nicht so stark wie der der Fertigwaren insgesamt. Allerdings weist der Bestand an unverkauften Fertigwaren größere Schwankungen auf. So zeigt sich hier deutlich ein Zusammenhang mit der Nachfrage, denn gleichzeitig mit stagnierendem oder rückläufigem Ausstoß treten wachsende Bestände auf, die dann in Zeiten einer die Produktion übersteigenden Nachfrage wieder abnehmen. Bei der Krise von 1960/61 ist jedoch nach einem Zuwachs bei den Lagerbeständen im zweiten Halbjahr 1960 in der darauffolgenden Zeit ein Schrumpfungsprozeß feststellbar, der sowohl den Ausstoß als auch die Fertigwarenbestände – wenn auch in unterschiedlichem Ausmaß – erfaßt, so daß inzwischen der Anteil der unverkauften Waren auf etwa 70% einer Monatsproduktion angewachsen ist. Inwieweit sich diese Bestände künftig noch absetzen lassen, hängt von ihrer Beschaffenheit ab. Die dem Zeitgeschmack nicht unterliegenden Stapelartikel haben dabei größere Chancen als die modischen Erzeugnisse.

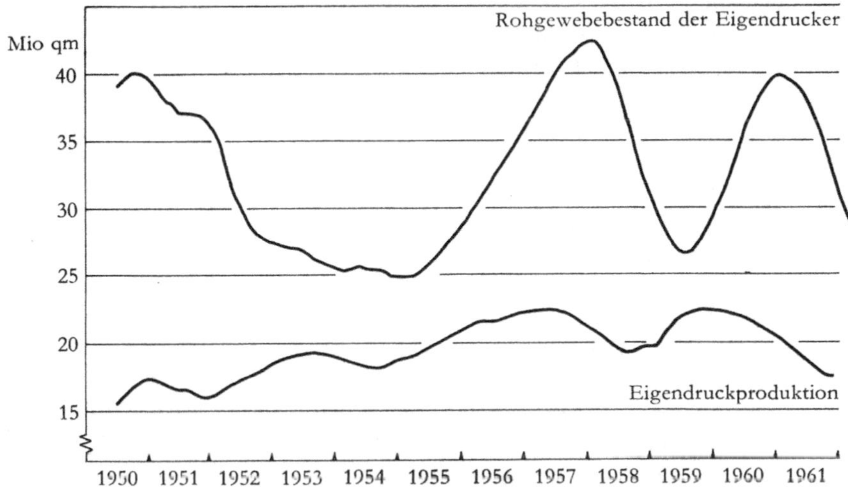

Abb. 21 Rohgewebebestand und Eigendruckproduktion von 1950 bis 1961
Quelle Vereinigung der Stoffdruckereien e.V., Bonn.

Eine ganz andere Entwicklung läßt der Rohgewebebestand der Drucker erkennen (s. Abb. 21). Während und nach der Koreakrise (1950) ist er gut doppelt so groß wie die monatliche Druckwarenerzeugung, sinkt aber nach Normalisierung der Verhältnisse bei rückläufigen Preisen auf etwa 125%, um dann vom Jahre 1955 an, d. h. in der Periode der großen Exporte in die Türkei und der dem Druck günstigen Mode, wieder anzuschwellen, so daß Rohgewebe zeitweise schwierig zu beschaffen sind und eine umfangreiche Lagerhaltung trotz des damit verbundenen größeren modischen und preislichen Risikos sinnvoll erscheint. 1958 lassen jedoch der Produktionsrückgang und ein Preisverfall auf dem Rohgewebesektor die Bestände geringer werden, wenn auch nur für kürzere Zeit, denn im Jahr 1960 entsteht ein neuer Engpaß, der zur Aufstockung der Lager verführt. Dabei können die Preiserhöhungen allerdings an den Konsumenten weitergegeben werden. Der 1961 erneut zu verzeichnende Umschwung veranlaßt die Drucker abermals, ihre Rohgewebebestände zu vermindern. So läßt sich insgesamt in diesem Bereich keine gleichartige Entwicklungstendenz erkennen, und lediglich die jeweilige Situation ist hierbei von Einfluß.

5. Der Beschäftigtenstand

Ohne nähere Beziehung zum Lagerbestand, indessen aber um so enger mit der Produktionsentwicklung verknüpft ist die Beschäftigtenbewegung. Wenn auch keine Unterlagen über alle im Stoffdruck Beschäftigten verfügbar sind, so vermitteln doch die vorhandenen, die Eigen- und Betriebsdrucker betreffenden Zahlenangaben[113] einen recht guten Überblick. Insgesamt ist über acht Jahre ein leicht steigender Trend festzustellen, danach geht der Beschäftigtenstand zurück. Die Spitzenwerte entdeckt man im Jahr 1957. Interessanterweise gibt die Beschäftigtenbewegung recht deutlich die Produktionsschwankungen wieder, denn Ausstoß und Beschäftigtenzahl verändern sich immer gleichzeitig und in derselben Richtung. Dieser Ablauf erstaunt insbesondere aus zwei Gründen: Einmal erwartet man auf Grund der vorhandenen Rationalisierungsbestrebungen im Zeitablauf einen sinkenden, konstanten oder doch zumindest schwächer als die Produktion ansteigenden Beschäftigtenstand, zum anderen verbietet die angespannte Arbeitsmarktlage der letzten Jahre im allgemeinen periodisch notwendig werdende Einstellungen und Entlassungen. Für den Stoffdruck scheinen diese Regeln jedoch nicht zu gelten. Das mag zum Teil damit zusammenhängen, daß die Druckindustrie eine relativ lohnintensive Branche ist, bei der die zusätzliche Produktion auch vergleichsweise mehr Beschäftigte erfordert und wo infolgedessen der Automatisierung gewisse Schranken gesetzt sind. Hinzu kommt, daß die durch die 1957 eingeführte 45-Stunden-Woche ausfallende Arbeitszeit durch Einstellung neuer Arbeitskräfte ausgeglichen werden muß. Schließlich ist darüber hinaus zu beachten, daß der augenblickliche Beschäftigtenstand, der etwa dem des Jahres 1950 entspricht, weitgehend durch die Stillegung mehrerer Unternehmen bedingt ist. Dennoch bestimmen die wiederholten Tariflohnerhöhungen den Drucker, trotz der zuletzt rückläufigen Beschäftigtenbewegung den Produktionsprozeß soweit wie möglich zu automatisieren. Ein Maß für diesbezügliche Bestrebungen der Unternehmer könnte der Ausstoß pro Beschäftigten sein, doch ergibt sich aus Abb. 22, daß dies nicht zutrifft. Bei der Entwicklung der durchschnittlich auf einen Beschäftigten entfallenden Jahresproduktion ist keine einheitliche Tendenz feststellbar; sie schwankt vielmehr ebenso wie die Menge der bedruckten Gewebe. Teilweise wird dafür die konjunkturell bedingte Empfindlichkeit dieses Zweiges verantwortlich sein; andererseits beeinflußt im Zeitablauf auch die unterschiedlich lange

[113] Aus den Statistiken der Vereinigung der Stoffdruckereien e.V., Bonn. Vgl. auch Tab. 6 im Anhang.

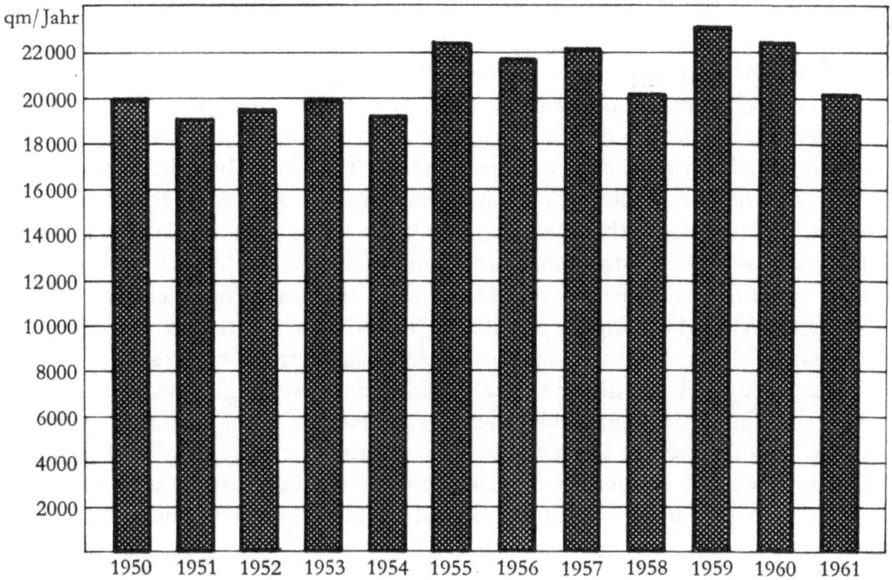

Abb. 22 Die durchschnittliche Stoffdruck-Jahresproduktion pro Beschäftigten von 1950 bis 1961

Quelle Vereinigung der Stoffdruckereien e.V., Bonn.

Arbeitszeit das Ergebnis. Ein aussagefähigeres Resultat erhielte man, wenn die einer geleisteten Arbeitsstunde zuzurechnende Produktion ermittelt werden könnte, doch fehlen dafür die Unterlagen. Auf der anderen Seite entspricht der in Abb. 22 aufgezeigte Verlauf gleichwohl in etwa der Wirklichkeit, weil durch die seit Jahren abnehmenden durchschnittlichen Auflagenhöhen pro Dessin der Anteil der Rüstzeiten erheblich zunimmt[114] und dementsprechend der Ausstoß geringer ist, so daß auch die pro Beschäftigten errechnete Menge nicht besonders zunehmen kann, zumal der Beschäftigtenrückgang im Jahre 1961 nicht ganz so stark ist wie der der Produktion. Diese Entwicklung wird sich auch künftig nicht wesentlich ändern, da ja bei modischen Artikeln – und ihr Anteil liegt heute schon bei rd. 50% – die Auflagenhöhe kaum beachtlich steigen wird. Unter Umständen kann jedoch durch Verbesserungen des technischen Verfahrens ein Wandel geschaffen werden.

II. Der Außenhandel mit bedruckten Stoffen

1. *Einführung und Abgrenzung*

Die bisherigen Überlegungen befaßten sich mit der Entwicklung der gesamten Stoffdruckproduktion und mit dem entsprechenden Ablauf bei einzelnen Warengruppen, seien sie nun nach ihrem Verwendungszweck oder im Hinblick auf das

[114] Vgl. S. 33f.

hauptsächlich verwendete Rohmaterial zusammengefaßt. Ferner wurden in die Betrachtung auch die sich bildenden Lagerbestände mit einbezogen. Alle diese Größen betreffen mehr oder weniger den Stoffdruck als Ganzes. Möglich ist jedoch daneben eine Unterteilung, die sich vor allem nach dem Empfänger der Erzeugnisse ausrichtet, denn ebenso wie von den Warengruppen können von einzelnen Abnehmerkreisen unterschiedliche Einflüsse ausgehen. Ein zum Teil von außen bestimmtes, zugleich aber statistisch einigermaßen verifizierbares Vorgehen ist die Trennung der Absatzgebiete in Inlands- und Auslandsmärkte. Wenn auch die geschmacklichen Ansprüche unserer unmittelbaren Nachbarn von den unsrigen nicht wesentlich abweichen, so schaffen doch die ungleichen, teilweise politisch bedingten Voraussetzungen, wie Zölle, Steuern, Subventionen etc., neue Situationen, zu denen bei weiter entfernten Absatzgebieten noch der andersartige Geschmack, die unterschiedliche Mentalität und manche sonstige Einwirkungen hinzukommen. Diese verlangen zusätzlich zur Betrachtung des gesamten Stoffdrucks eine Untersuchung des Einzelbereichs Außenhandel, denn auch die Einfuhr von Druckstoffen hat wiederum Rückwirkungen auf Produktion und Export. So sollen im folgenden die von Ein- und Ausfuhr ausgehenden Sondereinflüsse untersucht werden, damit später dann die Gesamtentwicklung zutreffend gedeutet werden kann.

Bevor jedoch die eigentliche Außenhandelsentwicklung näher betrachtet wird, muß zuerst auf die bestehenden Möglichkeiten eingegangen werden. Neben der allgemein geläufigen Ein- und Ausfuhr sind für den Stoffdruck die sogenannten Veredlungsverkehre, die Zollbefreiung genießen, von besonderer Wichtigkeit. Man unterscheidet zwischen aktivem und passivem Veredlungsverkehr, wobei dann wiederum in Eigen- und Lohnveredlung unterteilt werden kann. Werden ausländische Waren nach ihrer Veredlung im Inland wieder ausgeführt, so spricht man von aktiver Veredelung. Sie ist Eigenveredlung, wenn ein einheimischer Unternehmer die Ware für inländische Rechnung kauft, Lohnveredlung, wenn der Artikel für eine im Ausland ansässige Person veredelt wird und folglich Eigentum des Auslandes bleibt. Dementsprechend handelt es sich bei der passiven Veredlung um das Veredeln inländischer Waren im Ausland und die anschließende Wiedereinfuhr[115]. Daneben gibt es Spezialformen, besondere Abkommen etc., auf die jedoch an dieser Stelle nicht näher eingegangen werden soll.

Schließlich ist auch noch ein statistisches Problem zu erwähnen: Konsequenterweise müßte an Hand der amtlichen Außenhandelsstatistik die genaueste Wiedergabe der Export- und Importentwicklung von bedruckten Geweben möglich sein, denn die darin enthaltenen Angaben umfassen den gesamten Außenhandel der BRD an bedruckten Stoffen mit allen Ländern sowohl gewichts- wie auch wertmäßig, getrennt nach Gewebearten. Diese grundsätzliche Vollständigkeit wird allerdings praktisch durch die sich im Zeitablauf ständig ändernden Zusammenfassungen, Zollpositionen etc. eingeschränkt. Die umfassendsten Auskünfte sind für bedruckte Baumwollgewebe vorhanden; dort ist nur das Umstellungsjahr 1958

[115] Siehe auch »Der Außenhandel der BRD«, Teil 2, Stuttgart 1961; KAHMANN, HANNEDORE, »Veredlungsverkehr«, in: Handwörterbuch der Sozialwissenschaften, Göttingen 1961, Band 11, S. 8–10.

nicht aufgeführt. Die Angaben für die anderen Gewebearten weisen dagegen mehr oder minder große Lücken auf, teilweise werden einzelne Gruppen sogar erst im Laufe der Zeit gesondert erfaßt. So läßt sich der Außenhandel auf diese Weise weder vollständig noch fortlaufend betrachten. In der außerdem geführten Ausfuhrstatistik der Eigendrucker[116] (Monatszahlen), die rd. 95% des Exports ausweist, fehlt andererseits eine Unterteilung nach Ländern, und auch die einzelnen Artikel sind nur zeitweilig erwähnt. Dieser Nachteil wird zum Teil durch eine kombinierte Verbandsstatistik[117] behoben, doch vermißt man dabei wieder die Fortführung der begonnenen Aufteilung bis in die Gegenwart. Zudem berücksichtigen die beiden letzten Statistiken die Einfuhr nicht. Demnach ist insgesamt eine Reihe von Ansatzpunkten vorhanden, doch können die zahlreichen Lücken möglicherweise zu Fehlschlüssen führen.

2. *Die Exportentwicklung*

Auch ein zunächst nur flüchtiger Blick auf die Entwicklung des mengenmäßigen Gesamtexports[118] läßt für die zurückliegenden zwölf Jahre bereits einen leicht steigenden Trend erkennen (vgl. Abb. 23), wenn auch gleichzeitig deutlich wird, daß für den eigentlichen Verlauf weniger der Trend als einzelne Höhepunkte kennzeichnend sind. Außer der absoluten Ausfuhrspitze im Jahre 1955 fällt nämlich der sich an den Einbruch von 1958 anschließende starke Exportzuwachs auf. Neben diesen beiden Maxima sind die Schwankungen anderer Perioden weniger wichtig. Führt man sich kurz noch einmal die vor 1950 bestehende Situation vor

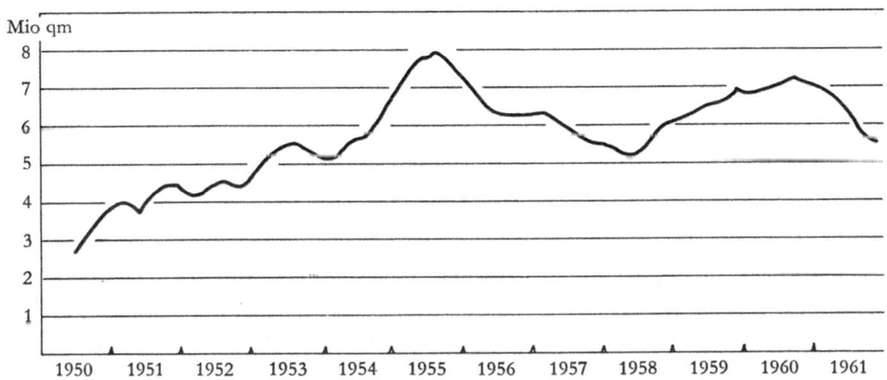

Abb. 23 Der Export der westdeutschen Eigendrucker von 1950 bis 1962 (gleitender 12-Monats-Durchschnitt)
Quelle Statistik der Vereinigung der Stoffdruckereien e.V., Bonn.

116 Vereinigung der Stoffdruckereien e.V., Bonn.
117 Gesamtverband der deutschen Textilveredlungsindustrie e.V., Frankfurt a. M.
118 Statistik der Vereinigung der Stoffdruckereien e.V., Bonn 1950–1962.

Augen, wo Kompensationsgeschäfte, Einfuhrbeschränkungen für fast alle Länder bestimmend sind und wo weitgehend der Lohndruck vorherrscht, so wird ohne weiteres verständlich, daß sich staatliche Exportförderungsmaßnahmen ebenso wie eine Verminderung der vorhandenen Beeinträchtigungen auf das Zustandekommen echter Exportgeschäfte günstig auswirken müssen, so daß der Auslandsabsatz zunimmt. Dennoch ist der beträchtliche Zuwachs im Jahre 1955 ungewöhnlich; er beruht auf großen, einmaligen Lohndruckaufträgen seitens der Türkei und bedingt schon deshalb ein Absinken von dem erreichten, besonders hohen Niveau. Für den sich etwa drei Jahre fortsetzenden Rückgang sind neben der allgemeinen Textilkrise auch außerökonomische Faktoren, wie beispielsweise erneute Einfuhrrestriktionen, das Verrechnungssystem der EZU etc., maßgebend, und mit der Bildung der EWG und der Ende 1958 eingeführten Konvertibilität steigen dann auch die Exporte wieder an. Aufs Ganze gesehen, entsprechen seit etwa 1956 die Ausfuhrschwankungen denen der gesamten Stoffdruckproduktion, was um so erstaunlicher ist, als der Export nur gut 20% der Produktion ausmacht. Bevor die Gründe dafür dargelegt werden, sind jedoch noch einige Fakten anzuführen.

Versucht man, etwas mehr in den Außenhandelsbereich einzudringen, so zeigen sich dabei recht aufschlußreiche Sachverhalte. Wird die in den zurückliegenden zwölf Jahren auf gut das Doppelte angewachsene Ausfuhr zunächst einmal im Hinblick auf ihre regionale Verteilung untersucht, dann fallen gewisse Veränderungen auf. Beispielsweise hat in den letzten acht bis zehn Jahren der Anteil der von westdeutschen Druckern nach Europa verkauften Waren auf Kosten der übrigen Kontinente um rd. 15% zugenommen und beträgt heute fast 60% des mengenmäßigen Auslandsabsatzes. Von diesem Zuwachs entfällt aber nur ein Drittel bis die Hälfte auf die EWG-Partner; die verbleibende Menge beziehen andere Staaten. Auf diese Weise werden bis zum Jahre 1957 nach Skandinavien mehr Druckstoffe verkauft als an die späteren Mitglieder der Wirtschaftsgemeinschaft, und erst mit dem Wirksamwerden der Römischen Verträge zeigt sich hier ein Wandel. Auch heute noch führen die nicht zur EWG gehörenden europäischen Länder zweimal soviel Druckstoffe aus der Bundesrepublik ein wie die Vertragspartner, wobei sich im Vergleich zu früher das Verhältnis bereits verändert hat (3:1). Neben den skandinavischen Ländern zählen Großbritannien, die Benelux-Staaten und die Schweiz zu den Hauptabnehmern, also Länder, die selbst eine nennenswerte Stoffdruckindustrie besitzen. Dafür gibt es mancherlei Gründe. Teilweise unterscheiden sich die Importe in ihrer Art weitgehend von der heimischen Produktion. So wird beispielsweise für die Schweiz Stapelware gedruckt, weil dort infolge der relativ geringen Nachfrage nur kleinere Auflagen zu höheren Preisen möglich sind. Doch auch eine gewisse Spezialisierung bringt ähnliche Ergebnisse (vgl. Tab. 7).

Die restlichen 40% des Exports verteilen sich auf die übrige Welt. Unter den anderen Kontinenten ist Afrika mit Rhodesien und der Südafrikanischen Union, zeitweise auch Marokko, der größte und stetigste Abnehmer. Der bis etwa 1956 bedeutende Absatz nach Vorderasien schrumpfte dagegen inzwischen auf rd. ein Drittel seines damaligen Umfangs zusammen. Diese Tatsache ist mit der zurückgehenden Nachfrage der Türken und Perser zu begründen, welche inzwischen eigene Industrien aufgebaut haben. Die Ausfuhr nach Australien und Neuseeland hingegen nimmt bis 1960 zu, wenn auch in weit geringerem Umfang, so daß sie keineswegs einen Ausgleich für die Absatzrückgänge im Vorderen Orient darstellt. Mit Nord- und Südamerika wird nur ein ganz geringer Druckstoffhandel betrieben, und erst in den allerletzten Jahren kann ihm überhaupt Beachtung geschenkt werden. Neben den regionalen Gesichtspunkten, die die Ausfuhrerzeugnisse als untrennbare Einheit erscheinen lassen, sind aber auch andere Kriterien für einen Überblick von Nutzen. So wird außer der Zusammensetzung des Exports nach Artikelgruppen die Verteilung der hauptsächlich verwendeten Rohgewebe zu untersuchen sein. Die nach Gewebearten geordnete Außenhandelsstatistik zeigt (vgl. Tab. 7 im Anhang), daß der überwiegende Teil der aufgeführten Druckstoffe aus Baumwolle oder Chemiefasern[119] besteht, wogegen die Chemiefäden nicht ins Gewicht fallen. Nur kurze Zeit entspricht der Auslandsabsatz an bedruckten Baumwollgeweben größenmäßig dem an Chemiefasern; fast immer überwiegen sonst die ersteren. Das liegt vor allem an der veränderten Nachfragestruktur. In Holland, Belgien und auch in Skandinavien, wohin etwa die Hälfte der nach Europa verkauften Waren geht, werden nämlich von den Konsumenten seit 1957/58 statt der bisher bevorzugten Drucke auf Geweben aus Chemiefasern bedruckte Baumwollgewebe begünstigt, so daß hier der Anteil der letzteren steigt. Daneben gibt es Länder wie Großbritannien oder die Schweiz, deren Nachfrage kontinuierlich auf Baumwolldrucke ausgerichtet ist. Diese Entwicklung der Rohgewebeverwendung führt dazu, daß – infolge der höheren Durchschnittspreise pro kg bedruckten Baumwollstoffs – der auf Europa entfallende wertmäßige Exportanteil heute etwa 5% über dem mengenmäßigen liegt. Für die Ausfuhr nach Afrika werden dagegen vorwiegend die billigeren Chemiefasergewebe verwandt. Das gleiche gilt auch für den Vorderen Orient; doch überwiegen dort bei den Sonderaufträgen der Jahre 1955/56 die Baumwolldrucke, d. h. die Artikel, die auch den Absatz nach Australien und Neuseeland bestimmen. Die Zusammenfassung all dieser Tatbestände ergibt dann den in der Regel größeren Anteil der bedruckten Baumwollstoffe an der Gesamtausfuhr, ein Sachverhalt, der bei wertmäßiger Betrachtung noch deutlicher wird, da der Durchschnittspreis für 1 kg Druckware aus Chemiefasern etwa 0,50 DM unter dem aus Baumwolle liegt.

Ebenso beachtenswert wie die Verwendung der Rohgewebe ist die Zusammensetzung der Exportartikel. Auch hier sind Druckstoffe für Wäsche und Bekleidung die wichtigsten Waren, doch ist ihr Anteil an der Gesamtausfuhr (87%) um etwa 6% größer als bei der Stoffdruckproduktion insgesamt. Diese zusätzliche Quote geht auf den im Verhältnis geringeren Absatz an Geweben für Dekorationszwecke und für Decken und Tücher zurück, ein Vorgang, der durch den nach Übersee, d. h. weitgehend in entwicklungsfähige Staaten, gehenden Export erklärt wird (rd. 40%), da in diesen Gebieten Wäsche- und Bekleidungsstoffe mehr gefragt sind. Der Rohstoffeinsatz entspricht in etwa der angeführten Gesamttendenz, d. h. die Baumwollgewebe sind mit Ausnahme von 1956/57 die wichtigste Grundlage.

[119] Zu den Chemiefasern gehören Fasern auf Zellulosebasis (Zellwolle) und synthetische Fasern. Die synthetischen Fäden und Fäden auf Zellulosebasis (Reyon) haben die Kurzbezeichnung Chemiefäden.

Zieht man zur Vervollständigung des Überblicks über den westdeutschen Auslandsabsatz noch den Veredlungsverkehr mit heran (s. Tab. 8a im Anhang), dann zeigt sich, daß der Anteil der auf Grund des Veredlungsverkehrs ausgeführten Waren ständig zunimmt. So ist die 1954 etwa ein Drittel des Exports umfassende aktive Veredlung im Verlauf der sich vermindernden Beschränkungen inzwischen auf den doppelten Satz angewachsen, was bedeutet, daß im Jahre 1961 für zwei Drittel der Druckwarenausfuhr Zollbefreiung bzw. -vergünstigungen gewährt wurden. Von diesen vom Zoll befreiten Exportgütern entfällt gegenwärtig der Hauptteil auf die Eigenveredlung (88%), während noch 1954 Lohn- und Eigen veredlung fast gleich groß waren. Traditionell ist der Veredlungsverkehr zwischen der Bundesrepublik und der Schweiz. Er erstreckt sich vor allem auf bedruckte Stoffe aus Baumwolle und Chemiefasern und weist infolge der zunehmenden Leistungsfähigkeit der westdeutschen Stoffdrucker in modischer und qualitativer Hinsicht mittlerweile einen Aktivsaldo aus. In den letzten Jahren nimmt aber auch der Veredlungsverkehr mit den Niederlanden und Belgien zu; er umfaßt hauptsächlich Baumwollgewebe und solche aus Chemiefasern. Daneben ist auch der Gewirkedruck von Bedeutung. Der aktive Veredlungsverkehr mit den übrigen europäischen Staaten macht dagegen nur einen Bruchteil aus.
Faßt man nun die vom Export ausgehenden Einflüsse zusammen, so ergibt sich ein recht vielfältiges Bild, bei dem von einer kontinuierlichen Entwicklung kaum gesprochen werden kann. Zu den geänderten Handelsabkommen, dem sich wandelnden Rohgewebeeinsatz kommen die wechselnden Absatzmärkte. Denn neben Ländern mit im Durchschnitt konstanten oder wachsenden Ausfuhrmöglichkeiten, die in der Mehrzahl sind, wie beispielsweise die meisten EWG-Partner, Skandinavien, Großbritannien oder die Schweiz, ferner Afrika und Australien, gibt es Gebiete, in die die Ausfuhr erheblich schwankt. Zu diesen gehören Belgien, Griechenland, der Vordere Orient und Asien. Je nach der Hauptexportzone einzelner Stoffdruckbereiche sind auch die dazugehörigen Unternehmen stärkeren Veränderungen ausgesetzt. Andererseits fällt auf dem im ganzen »sichereren« Europamarkt, wohin die westdeutsche Ausfuhr ja um 15% zunahm, die Gemeinsamkeit der modischen Entwicklung stärker ins Gewicht, so daß dadurch die Möglichkeit des Ausgleichs, die der Export bei rückläufiger Inlandsnachfrage zumindest teilweise gewähren kann, verringert wird. Daraus ergibt sich, daß der gesamte Stoffdruck auch durch die Ausfuhr gewissen Schwankungen unterworfen wird und daß es außerhalb seines Einflußbereiches liegt, diese Anfälligkeit – sei sie nun politisch oder modisch bedingt – zu vermindern. Das schließt jedoch nicht aus, daß einzelne Unternehmen infolge der günstigen Zusammensetzung ihrer Abnehmer von solchen Einbrüches weniger berührt werden als die Gesamtheit.

3. Der Import und seine Struktur

Mit der Analyse des Exports wird jedoch nur eine Seite der Außenhandelsverflechtungen erfaßt, denn die ausländischen Stoffdruckereien möchten ebenso wie die westdeutschen ihre Produktion über die Inlandsnachfrage hinaus ausdehnen

und einen Teil außerhalb des heimischen Marktes absetzen. Infolgedessen bleibt hier noch der Import zu untersuchen, da durch ihn zumindest ein Teil des Inlandsbedarfs gedeckt wird. Ein Blick auf die Entwicklung der Einfuhr (vgl. Tab. 9 im Anhang) läßt erkennen, daß erst um die Mitte der 50er Jahre die Importe ein überhaupt erwähnenswertes Ausmaß anzunehmen beginnen. So macht die etwa 1/20 des Exports betragende Einfuhr von bedruckten Geweben im Jahre 1954 gerade 1% der Gesamtproduktion bzw. 1,3% der im Inland verbrauchbaren Druckstoffe aus und ist mithin noch recht gering. Dann allerdings steigen mit zunehmender Liberalisierung auch die Importe, so daß die 1961 gut 9% der Gesamtproduktion umfassende mengenmäßige Einfuhr etwa 11% des Inlandbedarfs deckt. Dennoch ist die Ausfuhr noch immer zweieinhalbmal so groß wie der Import. Bei dem Wachstum der Einfuhr fällt vor allem die plötzliche starke Zunahme nach 1957 auf, wo sich innerhalb von zwei Jahren der gesamte Import verdoppelt. Sie erstreckt sich nicht nur auf die EWG-Mitglieder, sondern auch auf andere Staaten und kann folglich nicht bloß ein Ergebnis der aus der Wirtschaftsgemeinschaft herrührenden Zollsenkungen sein. Vielmehr wird dabei der vom GATT angestrebte Abbau der Kontingente und die Einführung der Konvertibilität wirksam. Die Einfuhr nimmt dann weiter zu, übersteigt aber trotz der im März 1961 durchgeführten DM-Aufwertung diejenige des Vorjahres mengenmäßig nicht, während sie wertmäßig infolge des größeren Anteils der relativ teuren bedruckten Gewebe aus Chemiefäden (ca. 28–30 DM/kg) um knapp 3% anwächst. Neben der Verminderung der Importrestriktionen dürfen jedoch die Schutzzölle bzw. Kontingentierungen gegenüber Niedrigpreisländern nicht übersehen werden.
Bei einer Betrachtung der Herkunfsländer der Einfuhren entdeckt man, daß der allergrößte Teil der Druckstoffe aus Europa kommt und erst im Jahre 1961 eine Quote von etwa 8% aus Übersee, d. h. aus den USA (268 t) und Japan (120 t) importiert wird. Zeigt sich schon hieraus ein Unterschied zur Ausfuhr, so wird das andersartige Verhältnis unter Berücksichtigung lediglich der Mitglieder der EWG noch deutlicher. Während beim Auslandsabsatz ca. 18% an die Vertragspartner gehen, werden von dort mehr als 50% des Imports bezogen, so daß sich Ausfuhr und Einfuhr für diesen Bereich mengenmäßig fast ausgleichen. Die Bevorzugung der in Europa hergestellten Druckstoffe ist verständlich, wenn berücksichtigt wird, daß es sich dabei vorwiegend um hochwertige und modische Artikel handelt. Außerdem sind für die Waren aus Japan, China usw. wegen ihrer geringen Preise Kontingente festgesetzt. Auch das heute sieben europäische Staaten umfassende, im Mai 1957 geschlossene Nordwijk-Abkommen soll verhindern, daß in die Vertragsländer außer den Direktimporten aus Indien, Hongkong, Pakistan, China und Japan noch weitere Stoffe aus diesen Billigpreisländern eingeführt werden, weil die niedrigen, zum Teil subventionierten Preise die westeuropäische Produktion weitgehend vernichten würden. Inwieweit in solchen Situationen das marktwirtschaftliche Konkurrenz- und Ausleseprinzip oder aber Schutz- und Erhaltungsmaßnahmen für einen Industriezweig den Vorrang haben sollten, ist eine Frage der theoretischen Konzeption und kann hier nicht erörtert werden. Kehrt man also zur wichtigsten Einfuhrquelle, Europa, zurück, so sind für den mengenmäßigen Import als bedeutende Partner Italien, Frankreich und die Niederlande anzu-

führen, während bei einer wertmäßigen Betrachtung die Schweiz infolge ihrer hochwertigen Drucke (u. a. Seide) die Aufmerksamkeit auf sich zieht, zumal die Quantität dies nicht erwarten läßt. Im Gegensatz dazu stehen die besonders wichtigen, inzwischen auf 18% der importierten Mengen angewachsenen Einfuhren aus bisher noch nicht erwähnten Ländern wie Ungarn, Jugoslawien, die Tschechoslowakei, Polen, Spanien und Portugal. Druckstoffe aus diesen Gebieten, die großenteils Staatshandelsländer sind, werden zu sehr niedrigen, teilweise unter Selbstkosten liegenden Preisen angeboten. Durchschnittspreise von 7,50 bis 9,50 DM pro kg Druckstoff[120] können westdeutsche und auch westeuropäische Drucker nicht gewähren; ihre Schwankungsbreite liegt für bedruckte Baumwollstoffe etwa zwischen 12 und 18 DM, und so verursachen selbst geringe derartige Importe schon merkbare Störungen. Unter diesem Gesichtspunkt werden die von den Unternehmern gewünschten, restriktiv wirkenden Abwehrmaßnahmen, die ihrem Wesen nach einer weltweiten Arbeitsteilung widersprechen, verständlich.

Schließlich weist auch die Rohstoffseite beim Vergleich mit dem Export einige Besonderheiten auf. Die mengenmäßig gewichtigsten Importartikel sind bedruckte Baumwollgewebe; ihr Anteil beträgt etwa 75–80% der gesamten Einfuhr und ist damit größer als der der Ausfuhr. Daran schließen sich analog ihrem Einfluß die Druckstoffe aus Chemiefasern an, und die restliche Menge verteilt sich auf Gewebe aus Chemiefäden und Seide. Dieses Bild verändert sich jedoch sehr wesentlich, wenn statt der Importmengen die entsprechenden Werte zugrunde gelegt werden. Dann schrumpfen die bedruckten Baumwollstoffe auf gut zwei Drittel ihres mengenmäßigen Einflusses zusammen, wogegen die vorher sich auf etwa 4% belaufenden Seidendrucke nun fast das sechsfache Gewicht erreichen. Die wertvollen bedruckten Seidenstoffe erhöhen gleichzeitig die Bedeutung des gesamten wertmäßigen Imports, so daß im Jahre 1961 die Exporterlöse nur noch ca. 75% über den Importwerten liegen (1959 = 187%), während bei der mengenmäßigen Betrachtung die Ausfuhr das Zweieinhalbfache der Einfuhr beträgt. Bei allen Vergleichen von Export und Import darf jedoch nicht vergessen werden, daß bei dem letzteren infolge des relativ späten Beginns das Ausgangsniveau im Verhältnis viel niedriger ist als bei den seit 1950 ständig wachsenden Ausfuhren. Die durch den Rohgewebeeinsatz hervorgerufenen Unterschiede sind natürlich auch bei einem nach den Herkunftsländern ausgerichteten Überblick von Bedeutung. So werden an Hand der Importwerte Staaten wie die Schweiz, Italien und Japan vorwiegend als Lieferanten bedruckter Seidenstoffe gekennzeichnet, wogegen bei Zugrundelegung der Einfuhrmengen überall – mit Ausnahme der USA, von denen hauptsächlich Chemiefäden bezogen werden – die Baumwolldrucke dominieren. Erwähnenswert sind ferner die aus Italien kommenden bedruckten Chemiefasergewebe, von denen außerdem kleinere Partien aus den Niederlanden, Österreich und Spanien eingeführt werden (vgl. Tab. 10).

Ergänzt man die Darstellung der Einfuhrentwicklung nun noch durch eine Berücksichtigung des passiven Veredlungsverkehrs, so muß betont werden, daß

[120] Durchschnittspreise bieten nur ganz grobe Anhaltspunkte, weil sich im Zeitablauf sowohl Rohgewebe als auch Druckverfahren ändern und so die Güter kaum vergleichbar sind. Außerdem sind dabei die Preisveränderungen nicht berücksichtigt.

dieser einen sehr geringen Umfang aufweist. Im Jahre 1961 entsprechen die auf diese Weise veredelten nahezu 90 t (ohne Gewirkedruck) nur einem Anteil an der gesamten aktiven Veredlung von 1%, und selbst die Einbeziehung des Gewirkedrucks erhöht den Satz lediglich um 0,3%. Auch bei einem Vergleich mit den Importen ergibt sich nur eine Quote von knapp 2%. Bei allen, die passive Veredlung betreffenden Überlegungen ist jedoch zu beachten, daß diese Verfahren genehmigungspflichtig und allein bei vorhandenem technischen oder wirtschaftlichen Bedürfnis und damit gleichzeitig verbundenen wesentlichen Vorteilen zulässig sind. Die Aufteilung der veredelten Artikel läßt erkennen, daß hier ebenfalls die bedruckten Baumwollstoffe die vorherrschende Gruppe bilden, daß sie aber noch nicht die Hälfte der für die BRD passiv veredelten Mengen darstellen. Von Bedeutung sind außerdem die Seidendrucke (ca. 25%) und schließlich noch die bedruckten Gewebe aus Chemiefasern; doch verhindert die insgesamt geringe Bedeutung des passiven Veredlungsverkehrs eine größere Einflußnahme dieses Bereichs.
Bei einem Überblick über das ganze, die Einfuhr betreffende Geschehen zeigt sich, daß die Importe heute etwa neunmal so groß sind wie 1954 und damit die Ausfuhr zu 40 bzw. 55% (wertmäßig) eingeholt haben. Diese außerordentliche Zunahme verliert jedoch bei Berücksichtigung der niedrigen Ausgangsbasis großenteils ihr Gewicht. Aus der Art der eingeführten Artikel läßt sich ableiten, daß es sich dabei weitgehend um besondere Warengruppen handelt. So ist außer dem Import billiger Druckstoffe (18%) vor allem die Einfuhr höherwertiger Erzeugnisse auffallend. Es wird nämlich ein kg bedruckten Gewebes für durchschnittlich 20,90 DM importiert, während der entsprechende Wert der von uns ausgeführten Ware bei 14,30 DM liegt! Dieser Unterschied wird vor allem durch die eingeführten Druckstoffe aus Chemiefäden und die hochwertigen Seidendrucke (120–150 DM pro kg) hervorgerufen, doch sind auch die importierten Druckstoffe aus Baumwolle in der Regel etwas teurer als die von der BRD exportierten. Da die Durchschnittspreise schon die Importe aus Billigpreisländern berücksichtigen, wird somit recht deutlich gemacht, daß die westdeutschen Händler von den ausländischen Stoffdruckern im wesentlichen solche hochwertigen Erzeugnisse kaufen, die von den heimischen Produzenten in dieser Art nicht erhältlich sind. Ein derartiges Verhalten entspricht den Vorstellungen vom internationalen Warenaustausch und zeigt, daß der von den ausländischen Konkurrenten übernommene Anteil der Bedarfsdeckung nicht ohne weiteres durch eine Verlagerung eines Teils des westdeutschen Exports auf den Inlandsmarkt ersetzt werden kann.

4. *Einfluß und Auswirkungen des Außenhandels*

Die zahlreichen, den Außenhandel kennzeichnenden Fakten legen nahe, sich noch einmal kurz dessen Charakteristika vor Augen zu führen und Ein- und Ausfuhr in Verbindung mit der gesamten Produktion zu betrachten. Wie schon mehrfach angeführt wurde, steht dem seit 1952 im Durchschnitt 20% der Produktion umfassenden und somit absolut gut um die Hälfte vergrößerten Export ein zunächst

geringer, schließlich aber auf 9% der Ausbringung anwachsender Import gegenüber. Das bedeutet, daß heute jede weibliche Einwohnerin der BRD in der Regel 1,25 qm ausländischen Druckstoff jährlich verbraucht, gegenüber 0,15 qm im Jahre 1954, eine Menge, die gerade der für eine Bluse benötigten Meterzahl entspricht. Diese Einfuhren bestehen weitgehend aus preislich höher liegenden Artikeln, zumindest bei einem Vergleich mit den Ausfuhren. Die geringeren Exportpreise werden jedoch nicht nur durch den westdeutschen Absatz nach Afrika, Asien oder dem Orient hervorgerufen, da ebenfalls die von uns in Europa verkauften bedruckten Gewebe niedrigere Preise haben als die von dort eingeführten. Selbst bei Vernachlässigung der teuren importierten Seiden- oder Chemiefädendrucke behält die Aussage Gültigkeit. Auch innerhalb der EWG gelten diese Tatbestände, so daß bei mengenmäßig nahezu ausgeglichenem Außenhandel mit Druckstoffen in den letzten Jahren für die BRD gegenüber den Vertragspartnern wertmäßig ein Passivsaldo besteht. Die Entwicklung könnte sich bei zunehmender Nachfrage nach jenen, bisher weitgehend vom Ausland gelieferten Artikeln noch verstärken, wenn nicht die westdeutschen Stoffdrucker die Warengattungen in ihre Produktion aufnehmen bzw. deren Herstellung ausdehnen. Soweit aber für diesen Prozeß die Vorliebe der Konsumenten für ausländische Erzeugnisse gegenüber gleichwertigen einheimischen bestimmend ist, wird sich daran nur wenig ändern lassen. In diesem Fall kann der »entgangene« Inlandsabsatz allein durch zusätzliche Exporte ausgeglichen werden. Solche Expansionsbestrebungen dürften jedoch sowohl die traditionellen als auch die durch den Aufbau einer eigenen Stoffdruckindustrie kürzlich herangewachsenen Konkurrenten nicht ohne entsprechende eigene Aktivität hingehen lassen.
Unter diesen Umständen scheint es angebracht, sich noch einmal kurz die Entwicklung der Ausfuhr anzusehen. Die folgende Abb. 24[121] läßt deutlich erkennen, daß der Auslandsabsatz beachtlichen Schwankungen ausgesetzt ist. Diese treten viel häufiger, wenn auch zum Teil in geringerem Umfang als bei der gesamten Produktion auf, so daß sich daraus möglicherweise eine im Verhältnis stetigere Inlandsnachfrage ableiten ließe. Der in der gleichen Abbildung wiedergegebene Verlauf der für das Inland bestimmten Produktion bestätigt diese Vermutung. Außer den im Vergleich zum Inlandsabsatz stärkeren prozentualen Veränderungen der Ausfuhr wird jedoch noch eine andere Tatsache sichtbar: Der in Abb. 11 auf S. 62 bei der Gesamtproduktion im Jahre 1956 aufgetretene Einbruch geringeren Ausmaßes fehlt bei der Inlandsproduktion, findet sich dafür aber sehr ausgeprägt beim Export. Da bereits früher auf die ungewöhnlich hohen, einmaligen Auslandsaufträge im Jahre 1955 hingewiesen wurde, welche notwendigerweise nach ihrer Abwicklung einen Ausfuhrrückgang zur Folge haben müssen, erklärt sich damit auch die 1956 bemerkbare Abnahme der gesamten Ausbringung, obwohl der Inlandsabsatz von diesem Einbruch nicht betroffen wird. Das Ergebnis ist um so erstaunlicher, als der nur etwa ein Fünftel der Erzeugung ausmachende Export das

[121] Der Abbildung wurde die Statistik der Vereinigung der Stoffdruckereien e.V., Bonn, zugrunde gelegt, weil die darin enthaltenen Monatszahlen die Entwicklung klarer hervortreten lassen. Die Statistiken erfassen etwa 95% des Exports.

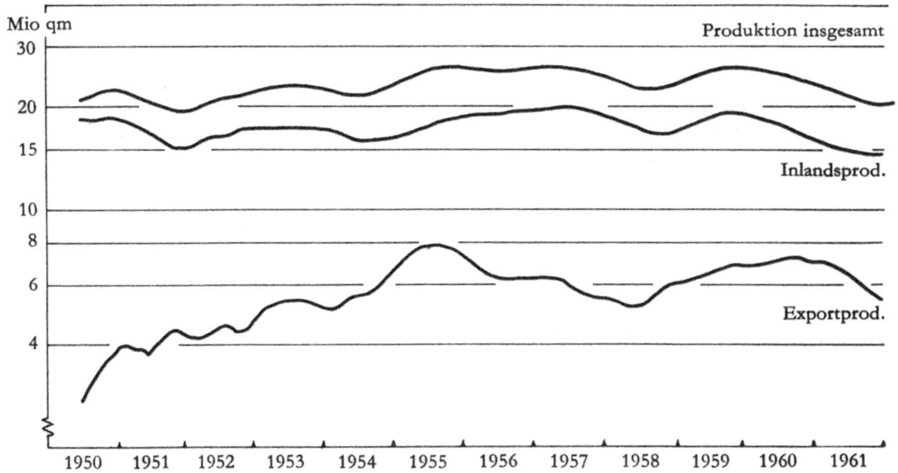

Abb. 24 Die Entwicklung von Produktion, Inlandsnachfrage und Export in der BRD von 1950 bis 1962
(gleitender 12-Monats-Durchschnitt)
Quelle Statistik der Vereinigung der Stoffdruckereien e.V., Bonn.

Gesamtbild derartig stark beeinflußt. Doch lassen sich auch entgegengesetzte Einwirkungen feststellen. So wird die Krise des Jahres 1958 von der Ausfuhr früher überwunden, und auch der 1960 einsetzende Rückgang der Inlandsnachfrage wird während des ganzen Jahres durch einen konstanten bzw. leicht steigenden Auslandsabsatz zumindest teilweise ausgeglichen. Einen ähnlichen Erfolg hat das Wachstum des Exports ferner im Jahre 1951. Dennoch sind die wechselnden Einflüsse für die gesamte Ausbringung in der Regel quantitativ nicht von unverhältnismäßig großer Bedeutung, da ja die Produktionsentwicklung in der Hauptsache vom Inlandsabsatz bestimmt wird. Für den einzelnen Unternehmer hingegen können sich die von der Ausfuhr ausgehenden Schwankungen ausgleichend oder verschärfend auswirken und so zeitweise einen entscheidenden Druck – in welcher Richtung auch immer – auf Beschäftigungsgrad und Produktionsgestaltung ausüben.

Alle derartigen Überlegungen machen somit offenbar, daß der Außenhandelsprozeß selbst in dem verhältnismäßig kleinen Teilbereich Stoffdruck nicht mit einer einheitlichen Wertung versehen werden kann, da sowohl positive als auch negative Faktoren vorhanden sind. Zum Teil vermindern die durch den Export gegebenen Ausweichmöglichkeiten infolge der Verschiedenartigkeit der Absatzmärkte auch bei augenblicklichen Vorteilen die Sicherheit eines gewissen mengenmäßigen Absatzes auf längere Sicht; andererseits gefährden die wachsenden, das Angebot erheblich verbreiternden Importe den Inlandsumsatz. Weil jedoch wegen der fortschreitenden europäischen Verflechtung institutionell mit einem Rückgang der Einfuhren – gut 90% derselben stammen heute aus Europa bzw. 53% aus dem EWG-Bereich – nicht zu rechnen ist, sie also mehr oder weniger Datum sind, bleibt als Ausgleich nur eine Beeinflussung der mehr variablen Faktoren, wenn von einer Kapazitätseinschränkung abgesehen wird. So ist durch neue Produkte, Werbung etc. die Inlandsnachfrage ebenso wie der Export in gewissem Ausmaß-veränderbar. Inwieweit allerdings soche Bemühungen erfolgreich sind, hängt außer von wirtschaftlichen und politischen Gegebenheiten weitgehend von der Wendigkeit und dem Anpassungsvermögen der Stoffdrucker ab.

III. Die wechselseitigen Beziehungen von Eigen- und Lohndruck

Der Eindruck von der Entwicklung des Stoffdrucks wäre unvollständig, wenn dabei nicht auch auf eine besondere Eigenart dieses Zweigs, nämlich die hier gebräuchliche Unterscheidung in Eigen-, Lohn- und Betriebsdruckereien, eingegangen würde. Die schon früher angeführten Kennzeichen[122] treffen noch heute zu; und da in jedem der Bereiche neben gemeinsamen Faktoren ebenfalls Sondereinflüsse wirksam werden, stimmen auch die Ergebnisse nicht vollständig überein.

Überblickt man die innerhalb von zehn Jahren um mehr als ein Viertel gestiegene Produktion unter Berücksichtigung der durch den Unternehmenszweck gestellten Aufgaben, so ergibt sich, daß die im Jahre 1952 auf den Eigendruck[123] entfallenden 55% der Ausbringung inzwischen auf Kosten des Lohndrucks um 8% erhöht werden konnten, so daß beim Eigendruck eine absolute Zunahme der Produktion von 50% festzustellen ist (s. Tab. 11 im Anhang). Auch beim Lohndruck stieg auf Grund der wachsenden Ausbringung der reinen Lohndrucker trotz des rückläufigen Anteils an der Gesamtproduktion der mengenmäßige Ausstoß um etwa 15 Mio. qm ($\approx$ 12%); der Lohndruck der Eigendrucker hingegen ging sowohl relativ als auch absolut zurück. Insgesamt ist also eine Hinwendung zum Eigen- und Betriebsdruck zu verzeichnen. Diese Entwicklung ist vor allem deswegen interessant, weil die Erscheinung des Eigendruckers im wesentlichen für die Bundesrepublik typisch ist, wogegen in anderen Ländern heute Lohn- oder Betriebsdruck dominieren. Für den Betriebsdruck sprechen außer dem geringeren Risiko auf der Rohgewebeseite die Vorteile einer Konzentration, während das Lohngeschäft durch die zunehmend an Einfluß gewinnenden Manipulanten bzw. Converter gefördert wird. In der BRD scheinen jedoch diese Beweggründe weniger Bedeutung zu haben. Hier sind die Auftraggeber der Lohndrucker überwiegend Weber und Konfektionäre, denen gegenüber das Gewicht der Manipulanten belanglos ist; ein beweglicher und anpassungsfähiger Eigendrucker ist augenscheinlich dem Betriebsdrucker und Converter gleichwertig, wenn nicht überlegen. Ob

[122] Vgl. S. 44f.

[123] Im folgenden werden wegen der nicht vorhandenen statistischen Aufgliederung Eigen- und Betriebsdruck stets zusammengefaßt. In der hauptsächlich zugrunde gelegten Textilfachstatistik fehlt der Betriebsdruck jedoch weitgehend, so daß das Gewicht der Position Eigendruck zu gering ist. Dagegen erfaßt die Statistik der Vereinigung der Stoffdruckereien e.V., Bonn, einen größeren Teil des Betriebsdrucks, doch enthält sie andererseits nur den relativ unbedeutenden Lohndruck der Eigen- und Betriebsdrucker, wogegen die eigentlichen Lohndrucker unberücksichtigt bleiben.

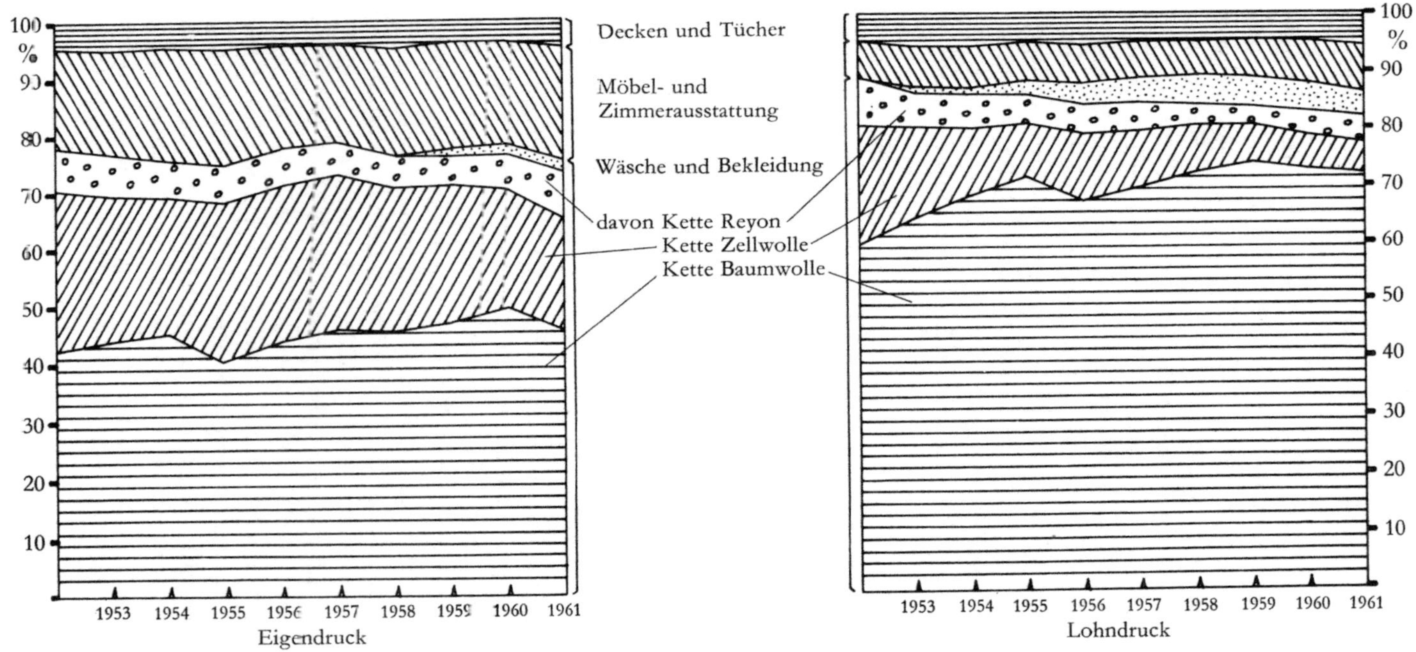

Abb. 25 Die Produktionsstruktur bei Eigen- und Lohndruck (1952–1961) in der BRD
Quelle Textilfachstatistik 1952–1961.

allerdings die besonderen westdeutschen Verhältnisse vorwiegend als künftige Struktur oder als Relikt der Vergangenheit anzusehen sind, dürfte sich nur an Hand eingehender, mehrere Länder und Kontinente umfassender Studien feststellen lassen.
Werden nun an Stelle von denkbaren Entwicklungsrichtungen wieder vorhandene Fakten betrachtet, dann zeigt sich, daß der ermittelte Gesamtverlauf tendenziell ebenfalls für die einzelnen Sektoren des Stoffdrucks gilt, doch sind außerdem einige wesentliche Abweichungen zu entdecken. So geht in der Hauptposition »Druckstoffe für Wäsche und Bekleidung« der Lohndruckanteil gleichfalls um 8% zurück, aber wie Abb. 25 erkennen läßt, ist die Ausbringung der Lohndrucker in diesem Bereich größer, als nach dem allgemeinen Verhältnis anzunehmen ist. Dafür stellen die Eigendrucker etwa vier Fünftel der bedruckten Gewebe für Möbel- und Zimmerausstattung her. Für die Decken- und Tücherdrucke dagegen ist – ähnlich wie bei deren gesamter Produktionsentwicklung – bei überwiegendem Eigendruck keine einheitliche Tendenz feststellbar; ihre durchschnittliche Quote an der Ausbringung insgesamt liegt jedoch beim Lohndruck über der des Eigendrucks.
Bei einer eingehenden Betrachtung des wichtigsten Sektors, des Drucks von Geweben für Wäsche und Bekleidung, wird hinsichtlich der dabei verwendeten Rohgewebe sofort sichtbar, daß im Verhältnis mehr Baumwollgewebe im Lohn als auf eigene Rechnung bedruckt werden und daß auch absolut die Eigendruckproduktion dieser Artikel erst seit 1956 die Lohnarbeit übersteigt. Indessen weisen die im ganzen zurückgehenden Zellwolldrucke[124] eine stetige Abnahme beim Lohndruck auf und bedingen somit einen wachsenden Eigendruckanteil, was jedoch dort keine entsprechende mengenmäßige Zunahme bedeutet. Demnach ist Zellwolldruck vorwiegend Eigendruck; gleichwohl hat dessen Einfluß innerhalb der Position Wäsche und Bekleidung ebenfalls um ca. 10% abgenommen. Die sinkenden Exporte an bedruckten Zellwollgeweben verraten ebenso wie der nachlassende Inlandsabsatz ein geringer gewordenes Interesse an diesen Erzeugnissen und machen die aufgezeigte Entwicklung verständlicher. Bei Druckstoffen mit Reyonkette, deren Ausbringung ja keine einheitliche Entwicklung aufweist, sinkt die Lohndruckproduktion mengenmäßig auf die Hälfte und somit ihr Anteil um 25%. Der Eigendruck dieser Artikel ist in den letzten zwei Jahren erheblich gestiegen (+ 55%), und auch der Import zeigt eine beachtliche Zunahme, so daß auf einen wachsenden Bedarf an diesen Erzeugnissen geschlossen werden kann. Schließlich müssen noch die mengenmäßig relativ unbedeutenden bedruckten Gewebe aus sonstigen Rohstoffen (Seide, Wolle etc.) wegen der ihnen eigenen Zusammensetzung erwähnt werden. Sie sind nämlich die einzige Gruppe, bei der der Lohndruck überwiegt, wenn auch sein Anteil zwischen 65 und 98% schwankt. Das bedeutet, daß der quantitativ geringen, also von dieser Seite her kaum vorteilhaften, jedoch besondere Druckverfahren verlangenden Produktion bisher von den Eigendruckern nur in sehr geringem Umfang nachgegangen wurde, ähnlich wie auch der allmählich an Bedeutung gewinnende Gewirkedruck weitgehend Lohn-

[124] Vgl. S. 66.

druck ist. Die augenscheinlich größere Aufgeschlossenheit der Lohndrucker mag jedoch weitgehend durch die unterschiedlichen Auftraggeber bedingt sein.
Ein nochmaliger Blick auf die Entwicklung der beiden Unternehmensarten als Ganzes läßt erkennen, daß die sowohl für den Eigen- als auch für den Lohndruck erfolgte mengenmäßige Produktionszunahme sich nicht gleichmäßig auf die zwei Bereiche verteilt, so daß der Einfluß des letzteren infolge des rückläufigen Lohndrucks der Eigendrucker zurückgeht. Am meisten trifft dies für den Sektor Wäsche und Bekleidung zu, der etwa 87% des gesamten Lohndrucks umfaßt, während bei dem unverändert erfolgreichen Druck von Möbel- und Zimmerausstattungsstoffen und dem Decken- und Tücherdruck der relative Rückgang bei absolutem Zuwachs geringer ist. Diese Ausdehnung der Erzeugung wird im wesentlichen durch die Inlandsnachfrage hervorgerufen, denn der Export von Lohndruckartikeln schließt sich dem Aufstieg nicht an. Ein viel erfreulicheres Bild vermittelt dagegen die Entwicklung des Eigendrucks. Die im ganzen stärkere Produktionszunahme erstreckt sich hier auf alle Bereiche, wenn auch deswegen gelegentliche Schwankungen nicht ausbleiben. Sogar die innere Zusammensetzung der Ausbringung der Eigendrucker weist mit Ausnahme des rückläufigen Anteils der bedruckten Zellwollgewebe und der Vermehrung der Baumwolldrucke keine auffallenden Verschiebungen auf. Den gleichen Eindruck erhält man bei der Einbeziehung des Exports, so daß der zunehmende Einfluß dieser Gruppe durchaus einleuchtend ist.
Wird jedoch versucht, einige der Gründe, die diese Entwicklung gefördert haben, aufzuführen, so hat es den Anschein, als wenn außer der Anpassungsfähigkeit und Wendigkeit der Eigendrucker auch exogene Faktoren eine stärkere Hinwendung zum Eigengeschäft bewirkt hätten. Dieser Sachverhalt läßt sich beispielsweise am Lohndruck der Eigendrucker ablesen. Ein Rückblick auf die bis lange nach 1950 herrschenden Verhältnisse, wo Rohgewebeknappheit, Einfuhrrestriktionen, ein unbedeutender aktiver Veredlungsverkehr etc. eine weitgehende Abhängigkeit von der Auftraggeberseite schufen und so den Lohndruck begünstigten, macht deutlich, daß mit der Normalisierung der Lage als natürliche Reaktion auch die Verminderung des Lohndruckanteils beim Eigendrucker einhergeht. Ähnliche Wirkungen erzielt die bedeutend zunehmende Eigenveredlung im aktiven Veredlungsverkehr. Ob jedoch diese Entwicklung anhält oder ob die in letzter Zeit sinkende Auflagenhöhe, die zunehmende Mannigfaltigkeit der Produktion und das infolgedessen wachsende Risiko, welches dem Eigendrucker auferlegt wird, dazu führt, daß Absatz- bzw. Bezugsrisiko und Produktionsrisiko weitgehend getrennt werden, ist eine Frage, die heute noch nicht beantwortet werden kann.

IV. Die gegenwärtige Lage des Stoffdrucks

1. Produktion und Bedarf der Bundesrepublik

Nachdem die einzelnen, die Stoffdruckindustrie formenden Bereiche und deren Struktur bekannt sind, sollen nun die Mosaiksteinen ähnelnden Tatbestände zu

einem Gesamtbild zusammengefaßt werden. Die Vielfältigkeit der Vorgänge wird sich jedoch nur schwer zu einer Einheit verbinden lassen. Am ehesten ist dies an Hand der beiden, sich wechselseitig beeinflussenden Hauptfaktoren, der Ausbringung und der Nachfrage, möglich, die ihrerseits wieder die Entwicklung der anderen Sektoren mittelbar oder unmittelbar bestimmen. Da sich sowohl das Angebot als auch die Nachfrage unter den verschiedensten Gesichtspunkten betrachten lassen, muß zunächst noch einmal betont werden, daß es sich beim Stoffdruck nur um einen relativ kleinen Teilbereich der Textilwirtschaft handelt, der sich außerdem durch besonders starke Einflüsse von Mode, Witterung, veränderten Verbrauchsgewohnheiten etc. auszeichnet. Infolgedessen scheinen – im Gegensatz zu größeren Wirtschaftszweigen – Vergleiche mit der sich verschiebenden Aufteilung der Verbrauchsausgaben, mit den Einkommensveränderungen etc. nur sehr bedingt vertretbar. Auch Abb. 12 auf S. 63 macht deutlich, daß sich die kurzfristige Entwicklung des Stoffdrucks vom gesamten Textilbereich erheblich unterscheidet und daß deshalb jede Gegenüberstellung besondere Vorsicht verlangt.
Wendet man sich zunächst der Nachfrageseite und den von ihr ausgehenden Einwirkungen zu, so ist als wesentlicher Bestimmungsgrund für das Inland die seit 1950 um rd. 17% angewachsene Bevölkerung der BRD zu erwähnen. Das bedeutet, daß heute im Vergleich zu 1950 etwa 8 Mio. Menschen mehr mit Textilien, u. a. auch mit Druckstoffen, zu versorgen sind. Neben der auf diese Weise zunehmenden Nachfrage ist außerdem noch der ständig wachsende private Verbrauch zu nennen, der sich – gemessen in Preisen von 1954 – von 1475 DM je Einwohner im Jahre 1950 auf 2666 DM im Jahre 1960 erhöht hat[125]. Von dem vergrößerten Realeinkommen wird ein gewisser Betrag[126] für Bekleidung ausgegeben, wobei jedoch der Anteil bei zunehmendem Einkommen sinkt. Ein Teil der Bekleidungsausgaben wiederum entfällt auf bedruckte Meter- und Fertigwaren, doch ist er keineswegs konstant, sondern ändert sich je nach Mode, Witterung etc. Neuerdings wird die Inlandsnachfrage nach westdeutschen Druckstoffe auch durch die wachsenden Importe noch beeinflußt.
Wird jetzt als die Nachfrage ergänzender Gegenpol die Produktion herangezogen, so fällt auf, daß sie im gleichen Zeitraum um etwa 40% ausgedehnt werden konnte. An dieser Zunahme sind jedoch nicht alle Bereiche gleichmäßig beteiligt. Den relativ größten Zuwachs verzeichnen mit über 45% die bedruckten Gewebe für Möbel- und Zimmerausstattung, daran schließt sich neben dem Decken- und Tücherdruck der der Gewebe für Wäsche und Bekleidung an, wobei letzterer mit einer Steigerung von ca. 37% etwas hinter der Gesamtentwicklung zurückbleibt. Das Wachstum der Angebotsseite erschiene allerdings weniger gewichtig, wenn dem Vergleich als Endpunkt das Krisenjahr 1961 zugrunde gelegt worden wäre. Doch ist bei einer Beurteilung des Gesamtverlaufs die Gegenüberstellung von zwei Zeitpunkten nicht sehr sinnvoll, wenn diese völlig anderen Konjunkturphasen zuzuordnen sind. Sowohl das Jahr 1950 mit der durch die Koreakrise ver-

[125] Siehe Statistisches Jahrbuch für die BRD 1961, Stuttgart 1961, S. 553.
[126] In den letzten Jahren wurden bei einer mittleren Verbrauchergruppe 13,5% der Ausgaben für die Lebenshaltung für Bekleidung verwandt. Siehe Statistisches Jahrbuch, a.a.O., S. 524.

ursachten Produktionsausdehnung als auch das Spitzenjahr 1960 gehören jedoch einer Expansionsphase an. Wird statt der bisher im Vordergrund stehenden Aufteilung nach Artikelgruppen eine solche nach Absatzmärkten bevorzugt, dann zeigt sich, daß der Inlandsanteil der Ausbringung, der in der Regel 78–81% umfaßt, wesentlich geringeren Schwankungen ausgesetzt ist als die Ausfuhr, die ja besonderen Einflüssen unterliegt. Während also der Inlandsabsatz heute im wesentlichen durch Wetter, Mode und Verbrauchsgewohnheiten bestimmt wird, kommen für einen großen Teil des Exports noch außerökonomische Faktoren hinzu, so daß letzterer trotz seines relativ geringen Anteils von etwa einem Fünftel an der Gesamtproduktion doch verhältnismäßig einflußreich ist.
Beim Versuch, der Entwicklung von Produktion und Nachfrage einige greifbare Ergebnisse zu entnehmen, bietet sich der auf eine Person entfallende Druckstoffverbrauch an, weil dabei das die Ausbringung vermehrende Bevölkerungswachstum schon eliminiert ist. In der BRD konnten im Jahre 1950 jedem Einwohner 5,47 m^2 bzw. jeder weiblichen Bewohnerin 10,30 m^2 an bedruckten Geweben angeboten werden. Bis 1960 erhöhte sich der Inlandsabsatz von westdeutschen Druckstoffen um 20%. Selbst in dem dem Stoffdruck ungünstigen Jahr 1961 werden noch 6,27 m^2 bzw. 11,70 m^2 verbraucht, hier allerdings unter Berücksichtigung der Importe von 0,66 m^2 bzw. 1,25 m^2 pro Kopf. Betrachtet man den gesamten inländischen Druckstoffverbrauch je Einwohner, so liegt er 1960 etwa 30% über dem Ausgangsniveau, so daß, aufs Ganze gesehen, der zunehmende Druckstoffbedarf nicht hinter dem Aufstieg bei den Meterwaren zurückbleibt. Diese mengenmäßige Analyse läßt jedoch Qualitätsverbesserungen, die sich wertmäßig als Veränderung in der Aufteilung der Bekleidungsausgaben niederschlagen können, außer acht. Außerdem wurden hierbei die in den Jahren 1950 und 1960 vorhandenen Kapazitäten der westdeutschen Stoffdrucker nicht in Rechnung gestellt, wo doch trotz steigenden Pro-Kopf-Verbrauchs eine unzureichende Beschäftigung denkbar ist. Andererseits läßt sich die künftige Entwicklung der Bevölkerung und des privaten Verbrauchs als Grundrichtung ansehen, von der dann die tatsächliche Produktion infolge von modischen oder anderweitigen Einflüssen nach oben oder unten abweicht. Zur besseren Erkenntnis der jeweiligen Aussichten können zusätzliche Bestimmungsgründe, wie Ein- und Ausfuhr, Veränderungen in der Struktur der Warengruppen und Rohgewebe etc., herangezogen werden.

2. *Die wichtigsten kurzfristigen Einflüsse*

Bei dem inzwischen entstandenen, vor allem die Außenseite des Prozesses kennzeichnenden Gesamtbild des Stoffdrucks, der durch seine artikelmäßig unterschiedlich wachsende Produktion, den zunehmenden Absatz ins In- und Ausland, die steigenden Importe und das sich verschiebende Verhältnis zwischen Lohn- und Eigendruck gekennzeichnet ist, werden jedoch teilweise die Hintergründe der jeweiligen Entwicklung nicht berücksichtigt. Deutlich wird freilich, daß der Export durch Einfuhrrestruktionen, bilaterale Verrechnungssysteme, politische

Wandlungen, aber auch durch internationale Zusammenschlüsse oder währungspolitische Veränderungen beeinträchtigt bzw. gefördert wird und daß für die Einfuhr darüber hinaus noch besondere Preis- und Qualitätswünsche bestimmend sind. Außerdem machen die verbesserte Rohgewebeversorgung und die günstigeren Exportmöglichkeiten die im Laufe der Zeit eingetretene relative Abkehr vom Lohndruck und eine Hinwendung zum Eigengeschäft verständlich. Es fehlen also im wesentlichen die Erklärungsgründe für die Gesamtentwicklung des Stoffdrucks, welche ja weitgehend von der Inlandsnachfrage bestimmt wird. Sie scheinen vor allem auch im Hinblick auf die Beurteilung der gegenwärtigen und der künftigen Lage von Bedeutung.

Vergleicht man den Verlauf der Stoffdruckproduktion mit dem der Textilindustrie insgesamt, so überraschten schon bisher[127] die häufigeren Einbrüche und damit ebenfalls mehrfachen Aufstiege der ersteren. Gemeinsam sind beiden Bereichen Höhepunkt und Krise 1951 als Folge des Koreakrieges und der für das Jahr 1958 charakteristische Rückgang des Ausstoßes, der letztlich auf eine geringere Nachfrage der Konsumenten nach Textilien zurückzuführen ist. Durch einen teilweisen Abbau der überhöhten Einzelhandelsläger kann nämlich die auf Grund des ziemlich gesättigten Nachholbedarfs, der steigenden Vorliebe für längerlebige Gebrauchsgüter und des verhältnismäßig ungünstigen Wetters sinkende Kauflust in bezug auf Textilien großenteils befriedigt werden[128]. Beim Stoffdruck wird vor allem der Sektor Wäsche und Bekleidung, besonders Zellwolldrucke, von dem Rückgang betroffen. Für die darüber hinaus noch verbleibende Zeitspanne jedoch ist außer dem bereits genannten tendenziellen Anstieg keine Übereinstimmung in beiden Bereichen zu entdecken. Auffallend sind beim Stoffdruck die zusätzlichen Einbrüche der Jahre 1954, 1956 und 1961. Die Entwicklung des Exports ließ indessen erkennen[129], daß die Abnahme von 1956 allein der im Vorjahr einmalig angestiegenen Ausfuhr, also einer nicht rein ökonomischen Ursache, zuzuschreiben ist, zumal bei der Inlandsproduktion keine tendenziellen Veränderungen feststellbar sind. So bleiben jetzt noch die Faktoren zu bestimmen, die die Einbußen der Jahre 1954 und 1961 bewirkt haben. Schon durch die Einbeziehung der Baumwollweberei wird die bisherige Ungewißheit etwas vermindert, weil hier ebenfalls Stagnationen bzw. Rückgänge, wenn auch in geringerem Umfang, zu verzeichnen sind. Ein gewisser Zusammenhang zwischen dem Stoffdruck und der mehr als die Hälfte der Rohstoffe liefernden Vorstufe scheint demnach gegeben. Im Jahre 1954 verursachen das kalte Frühjahr und der verregnete, kühle Sommer eine zurückgehende Inlandsnachfrage nach Druckstoffen, welche ja weitgehend Sommerware sind. Sowohl der Absatz von bedruckten Geweben für Damenoberbekleidung als auch der der Wäschestoffe verläuft ungünstig, wogegen der Verkauf von Dekostoffen nicht nachläßt. Ein solches Verhalten der Konsumenten hätte jedoch die Produktion der Webereien kaum derartig beeinflußt, wenn nicht

[127] Vgl. S. 63f.

[128] Eine ins einzelne gehende Analyse bei ROTT, WALTER, »Textilindustrie weiter in der Stagnation«, Textildienst der Forschungsstelle f. allgemeine u. textile Marktwirtschaft an der Universität Münster, Nr. 2/3, 1959, Münster 1959.

[129] Vgl. S. 77f.

gleichzeitig die Drucker für die Ausfuhr an Stelle der bis jetzt verwendeten einheimischen Zellwollrohgewebe die billigeren japanischen bevorzugt hätten[130], zumal auch bei den Baumwollgeweben ein Preisanstieg zu verzeichnen ist. Der dann im folgenden Jahr einsetzende große Export begünstigt außer dem Stoffdrucksektor – wenngleich auch in geringerem Ausmaß – auch die Baumwollwebereien, während der Inlandsabsatz an Druckstoffen das Niveau von 1953 kaum überschreitet. Erst allmählich nimmt auch er zu. Neben der Abneigung gegen Unigewebe erhöht das heiße Sommerwetter die Nachfrage vor allem nach Baumwolldrucken, und auch die auf Grund der Rentenreform im Jahre 1957 ausgezahlten zusätzlichen Beträge beleben das Geschäft, bis dann die große, bereits erwähnte allgemeine Textilkrise im Jahre 1958 einsetzt. Der sich an diese anschließende Aufschwung beruht einmal auf der vorteilhafteren Witterung, zum anderen auf der dem Druck günstigen Mode und einem durchweg erhöhten privaten Verbrauch. Dann aber wird eine Abwendung von der Baumwollmode von zwei verregneten Sommern und einer nachlassenden Vorliebe für Druckstoffe begleitet[131], wozu eine schon einige Zeit vorher einsetzende Änderung gewisser Verbrauchsgewohnheiten kommt. Es werden vielfach synthetische Gewebe oder Wirk- und Strickwaren getragen, also Artikel, die einfach zu pflegen sind. Die Gunst der Hausfrauen wird auch künftig solchen leicht instand zu haltenden Erzeugnissen gehören, da infolge der zunehmenden Berufstätigkeit der Frauen und des Mangels an Haushaltshilfen neben dem modischen Einfluß auch die praktischen Erfordernisse an Bedeutung gewinnen.
Aufs Ganze gesehen zeigt sich, daß für die kurzfristige Entwicklung des Stoffdrucks Mode und Wetter zumindest auf dem Inlands- bzw. Europamarkt sehr wesentliche Einflußfaktoren sind und daß daneben die sich ändernden Verbrauchsgewohnheiten als etwas längerfristige Bestimmungsgründe wirksam werden. Darüber hinaus sind aber auch gesamtwirtschaftliche Fakten (z. B. Rentenreform, Textilkrise 1958) von Bedeutung. Alle diese Antriebskräfte sind jedoch mehr oder weniger unbeeinflußbar. Ganz ungewiß ist die Entwicklung des Wetters, während sich die Mode bis zu einem gewissen Grad lenken läßt, wenn dabei auch immer eine unberechenbare Restgröße zurückbleibt. Die gesamtwirtschaftlichen Einflüsse sind meist ebenfalls nicht lange vorher zu erkennen, so daß auf die Dauer die Berücksichtigung der Verbrauchsgewohnheiten eine wesentliche Möglichkeit bietet, das besondere Anliegen der Damenwelt – mit einem Minimum an Aufwand ein ansprechendes Äußeres zu erreichen – von seiten des Stoffdrucks zu unterstützen.

130 Siehe Deppe, P., L. Köllner und A. Oberhauser, »Die textilwirtschaftliche Lage der BRD«, Textildienst der Forschungsstelle, a.a.O., Nr. 12/54, Münster 1954.
131 Ausführlicher in: Mandt, Th., und R. Schillinger, »Westdeutsche Stoffdruckproduktion vor neuem Anstieg?«, Textildienst der Forschungsstelle, a.a.O., Nr. 10/1962, Münster 1962.

3. Kurzer Überblick über die Probleme und Ergebnisse

Hebt man zum Abschluß der Untersuchung über die kurzfristige Entwicklung des westdeutschen Stoffdrucks noch einmal zusammengefaßt die bedeutendsten Merkmale der zurückliegenden zwölf Jahre hervor, so ist an erster Stelle die trotz verschiedentlicher Rückschläge um etwa 40% wachsende Produktion zu nennen. Sie ist Ausfluß ebenso einer infolge von Einkommenserhöhungen und der Bevölkerungszunahme steigenden Inlandsnachfrage wie auch eines ständig sich vergrößernden Exports. Dabei weisen jedoch nicht alle Artikelgruppen ein gleich großes Wachstum auf, und selbst bei den verwendeten Rohstoffen zeigen sich mitunter zwar spürbare, aber keineswegs umwälzende Wandlungen. Viel einschneidender sind die durch die unterschiedlichen Ausfuhrquoten und -märkte auftretenden Schwankungen. Andererseits behelligt der in den letzten Jahren erheblich ausgedehnte, die Ausfuhr jedoch bei weitem nicht erreichende Import die den früher geschützten Binnenmarkt versorgenden Lieferanten in zunehmendem Maße. Das ist dem Drucker vor allem deshalb unwillkommen, weil die in der verhältnismäßig günstigen Nachkriegszeit erweiterten Druckkapazitäten[132] dadurch des öfteren nicht voll ausgenutzt werden können. Da aber auch außerhalb der BRD zusätzliche Kapazitäten geschaffen wurden, bestehen auf dem Weltmarkt starke Konkurrenzverhältnisse. Erzeugnisse vorwiegend der Massenproduktion aus sogenannten Niedrigpreisländern stehen im Wettbewerb mit den aus hochindustrialisierten Staaten stammenden Artikeln, und häufig scheinen Abwehrmaßnahmen, wie Kontingente, Schutzzölle etc., der die einheimische Industrie am ehesten abschirmende Damm, wenn auch solche restriktiven Regelungen dem GATT-Abkommen widersprechen. Auf längere Sicht wird wahrscheinlich eine grundsätzliche Anpassung an die sich ändernden Verhältnisse erfolgen müssen, sei es durch die Erschließung zusätzlicher Märkte, infolge einer Beschränkung lediglich auf gewisse Spezialitäten, durch Schaffung eines modischen Vorsprungs oder durch einen Abbau von Kapazitäten, der möglicherweise schon durch das seit 1960 zunehmende Ausscheiden von Eigen- und Lohndruckereien eingeleitet worden sein könnte, da inzwischen rd. 15% der westdeutschen Druckkapazitäten ausgeschieden sind. Dennoch werden sich auch auf diese Weise Schwankungen nicht ganz vermeiden lassen, da augenscheinlich die immer wieder auftretende Anfälligkeit dem Wesen des Stoffdrucks zugehörig ist.

[132] Ausführliche Angaben über die Kapazität bei MANDT, TH., »Strukturanalyse des Stoffdrucks in der BRD 1959«, a.a.O., S. 31ff., und in der Fortsetzung vom gleichen Verfasser.

Zusammenfassende Betrachtung der lang- und kurzfristigen Entwicklung des Stoffdrucks

Versucht man, an Hand der erfolgten Einzeluntersuchungen nun die Lösung des vorhandenen Problems, die Bestimmung der Entwicklungstendenzen des Stoffdrucks, herauszustellen, so wird erkennbar, daß dies nicht ohne weiteres möglich ist. Die Antwort wird meist im Sinne der jeweiligen Einstellung erfolgen; eine allgemeingültige Aussage für längere Zeit scheint nicht erreichbar, da das gesamte Wirtschaftsleben und mit ihm der Stoffdruck wesensgemäß ständigen Wandlungen unterworfen ist. Doch zeigt sich sowohl bei langfristiger wie bei kurzfristiger Betrachtung, daß der Stoffdruck noch mehr als die Textilindustrie insgesamt erheblichen Schwankungen ausgesetzt ist und daß es außerhalb seines Einflußbereiches liegt, diese auszuschalten. Die ständigen Veränderungen sind Stärke und Schwäche dieses Wirtschaftszweiges zugleich. Der Vorteil liegt in den durch den dauernden Wechsel geschaffenen Möglichkeiten, neue Chancen aufzuspüren und zu nutzen, so daß der »dynamische Unternehmer« zumeist viele seiner Einfälle verwirklichen kann. Andererseits erlauben die häufigen Wandlungen bei der im allgemeinen großen Konkurrenz kein Ausruhen auf den einmal erreichten Leistungen, noch eine stetige Weiterführung der eingeschlagenen Richtung. Das Kennzeichen des Stoffdruckers muß also eine gewisse Wendigkeit und Anpassungsfähigkeit an neu entstandene oder besser an sich gerade entwickelnde Verhältnisse sein. Das bedeutet jedoch nicht, daß sich der Drucker, dem Spekulanten gleich, jeder geringsten Veränderung angleicht, vielmehr soll damit nur hervorgehoben werden, wie wertvoll ein gewisser Spürsinn für modische oder sonstige Entwicklungen sein kann.

Die langfristige Entwicklung macht deutlich, daß der moderne Stoffdruck zu seiner Erklärung des historischen Hintergrundes bedarf. Schwerlich hätte sich sonst so eindeutig erkennen lassen, daß im Zeitablauf die Bedeutung der ehemals so wichtigen Standorteinflüsse zurückging, daß die Mechanisierung des Druckvorgangs und die Anpassung des ganzen Druckprozesses an diese Mechanisierung, die Wandlungen auf dem Rohstoffsektor und die koloristischen Fortschritte ein viel entscheidenderes Gewicht hatten. Die zunehmenden technischen und chemischen Verbesserungen mit den sich daraus ergebenden riesigen Produktionszuwächsen verlangten dann wieder eine Vergrößerung der Absatzmärkte, so daß bald zu der Nachfrage der einheimischen Konsumenten der Export hinzukam. Mit diesem gewinnen jedoch exogene Faktoren einen immer größeren Einfluß und fordern eine Gegenwehr des Druckers. Diese bezieht sich sachlich auf eine steigende Kapitalintensität, die sich wandelnden Betriebsgrößen und die Möglichkeit von Zusammenschlüssen unterschiedlichster Art, doch sind auch sie ohne eine gewisse Bereitschaft des Unternehmers, sich den Gegebenheiten unterzuordnen, von nicht allzu großem Wert.

Im zweiten Teil dagegen verlieren die strukturellen Faktoren ihre Bedeutung und machen kurzfristigen Einflüssen Platz. Auch hier wird die insgesamt wachsende Produktion durch Mode, Wetter, veränderte Verbrauchsgewohnheiten und außerökonomische Momente zeitweilig beeinträchtigt, doch scheinen in der Nachkriegszeit trotz aller Schwierigkeiten die positiven Elemente zu überwiegen. Daneben sind selbst in diesem Bereich längerfristige, in die Zukunft greifende Fakten wirksam. So wird sich voraussichtlich der Anteil der modischen und hochwertigen Artikel allmählich erhöhen und die Stapelproduktion teilweise den in den letzten Jahren gegründeten oder künftig zu errichtenden Druckereien sich industrialisierender Staaten überlassen werden müssen. Ein Beispiel für eine solche »Arbeitsteilung« ist das Elsaß, das im letzten Jahrhundert durch seine hochwertigen Erzeugnisse trotz der englischen Konkurrenz, die die Artikel jener imitierte, einen günstigen Stand aufwies. Eine derartige Umstellung wird nicht einfach sein, doch sind die Vorteile unserer Wirtschaftsordnung, die die mit ihr verbundenen Widrigkeiten aufwiegen, nicht mit den Umständen, wie sie zu Beginn des Zeugdrucks bestanden, zu vergleichen, wo »Kaufleute, Cramer und Juden aber, somit dergleichen (= bedruckte Stoffe) bishero gehandelt, sich baldmöglich von ihren vorrätigen Cattunen losmachen und solche außer Landes debitieren suchen«[133], eine Verordnung, die sich ebenso auf den Drucker jener Zeit wie auf den Händler bezog und einen Tausch kaum begehrenswert erscheinen ließe.

[133] Edikt Friedrich Wilhelms I., zitiert bei: Kasper, Karl, a.a.O., S. 62.

Vereinigung Deutscher Blaudruckfabrikanten

gethätigt vor

Herrn Notar Nießen

am 23. September 1889 zu Düsseldorf im Breidenbacher Hof.

§ 1.

Es ist **Zweck der Convention,** auf einer für alle gleichen Basis die Verkaufspreise lohnend und zwar so zu vereinbaren, daß nach Abschluß der ersten Jahresbilanzen ein durchaus befriedigendes und dem Zweck der Convention entsprechendes, den Zusammenhalt der Contrahenten gewährleistendes Resultat erzielt wird,

auf Wiederaufnahme des Artikels von Seiten der Consumenten, Detailleure und Grossisten durch Schaffung solcher Verhältnisse hinzuwirken, daß auch für letztere beiden Kategorien der Verkauf des Artikels Blaudruck wieder ein lohender wird und für erstere, die Consumenten, derselbe durch den Wettbewerb der vereinigten Fabrikanten auf gleicher Basis, durch gute solide Lieferung unentbehrlich gemacht wird; vor Allem aber die Grossisten und Detailleure in den Stand gesetzt werden, bei dem ihnen gewährleisteten und durch keine ihrer Concurrenz wesentlich geschmälertem Nutzen, durch erneuertes und häufiges Angebot den Artikel mehr wie bisher beim Publikum wieder in Aufnahme zu bringen,

daher ferner die Verkaufsbedingungen unter Abschaffung aller entehrenden Mißbräuche bei allen, die den Artikel in die Hände bekommen, zu regeln, die einzelne Kundenkreise bevorzugenden Läger aufzulösen, und endlich

als Fundament des gedeihlichen Zusammenwirkens die Conventionsbedingungen derartig fest und scharf zu vereinbaren, daß der auf allen Blaudruck-Concurrenten lastende unerträgliche Bann und Alp, die Geschäfte, bei absoluter Nichtachtung der Calculationen, mit Schaden zu betreiben, hinweggenommen wird, wozu vor Allem die vereinbarte fünfjährige, allen Zweifel bei der Kundschaft aufhebende Dauer gehört.

§ 2

Jeder der Unterzeichneten verpflichtet sich, respective die durch ihn vertretene Firma nicht unter einer für die identischen Qualitäten gemeinschaftlich festgesetzten **Preisliste** zu verkaufen und ein Exemplar der Preisliste nebst Musterabschnitten und Genreproben sämmtlicher fabricirter Blaudrucknessel, sofern die verarbeiteten Garnnummern die Nr. 36 nicht erreichen, sowie auch Abschnitte mit genauer Bezeichnung der Qualitäten in roher Waare, woraus die Waaren hergestellt sind, an den gemeinsam gewählten **Vertrauensmann,** Herrn Handelskammer-Präsident Commerzienrath Friedrich von Eynern in Barmen, einzusenden. Zum Stellvertreter des vorgenannten Herrn von Eynern ist Herr Handelskammer-Sekretär Bernhard Ackermann zu Barmen, und daselbst wohnhaft, gewählt.

Die Preisliste muß zum Schluß die identische Mittheilung wörtlich enthalten: „Alle früheren Verabredungen bezüglich der Preise und Conditionen sind aufgehoben."

§ 3.

Jeder Auftrag auf volle oder theilweise spätere Lieferung ist von den Fabrikanten schriftlich zu bestätigen

Diese Bestätigungsbriefe, welche die Bemerkung enthalten müssen: „Betriebsstörung durch Strike entbindet von der Pflicht der Lieferung," müssen in einem besonderen Copirbuch copirt und übersichtlich zur leichten Einsicht des Vertrauensmannes registrirt werden.

Die Preise verstehen sich netto unter folgenden eventuell beliebig zu verschärfenden **Verkaufsbedingungen:**

a) Netto nach 3 Monaten, 3 Monatswechsel oder Cassa mit $^1/_2$ % Anticipation pro Monat, vom Ende des Facturen-Monats an gerechnet, oder

b) mit 3 % Sconto per Casse binnen 30 Tagen vom Ende des Facturen-Monats, bei noch früherer Zahlung darf nur Bankdiscont gekürzt werden.

Die einzuräumenden Conditionen sollen den Kunden unter der Preisliste mitgetheilt werden und müssen in jeder Factura ausdrücklich unter der Endsumme zum Schluß wiederholt **werden**, ausgenommen bei den Exportfirmen, wo **eine** Factura mit Conditionen ausgefertigt sein muß.

Bei Einräumung der bei Exporteuren oft üblichen Condition von 6 % per Casse soll sowohl hierfür, wie auch bei Umrechnung der für die Convention geltenden Preise in andere Währung, stets die Abrundung nach oben erfolgen.

§ 4.

Alle Vergünstigungen, mögen sie Namen und Formen haben wie sie wollen, welche den Käufern gewährt werden, sind zunächst im Sinne des § 19 straffällig und werden unter Hinweis auf die zum Schluß der Vereinbarung geleistete eidesstattliche Erklärung bestraft. Sind solche Vergünstigungen gewährt, um erst nach Ablauf dieser Convention ausgezahlt zu werden, so wird der Defraudant mit dem fünffachen Betrage bestraft, welcher im § 19 vorgesehen ist. Jedenfalls sollen diese Strafen verhängt werden, gleichgültig ob die Uebertretung während der Dauer oder nach Ablauf der Convention offenkundig wird. In allen Fällen sind die übrigen Theilnehmer der Convention verpflichtet, jeden ihnen zur Kenntniß gelangenden Uebertretungsfall zur Anzeige zu bringen.

§ 5.

Bei **verspäteter Zahlung** tritt eine Zinsberechnung von 5 % pro anno in Kraft, was in den Preiscouranten gleich den Zahlungs-Bedingungen in § 3 der Kundschaft mitzutheilen ist.

Es darf eine Ziel-Ueberschreitung bis zu 14 Tagen gewährt werden ohne Zinsberechnung. Bei etwaigen hieraus resultirendrn Differenzen bis zu 5 Mark, ist die Regelung dem Ermessen des Contrahenten anheim gegeben und finden daher die Bestimmungen der §§ 19 und 4 keine Anwendung. Falls die Zinsdifferenzen im Betrage über 5 Mark auf gütlichem Wege nicht beizutreiben sind, so ist die ausstehende Summe durch Postmandat einzutreiben und wenn solches ohne Erfolg bleibt, dem Vertrauensmann dies mitzutheilen, sowie bei der nächsten General-Versammlung die Angelegenheit zur Sprache zu bringen.

§ 6.

Spätere Valutirungen sind nicht gestattet. Verlangt ein Kunde die Waare **vor** dem ursprünglich festgesetzten Lieferungstermin abgeschickt, so muß dato factura valutirt werden.

§ 7.

Mit dem Inkrafttreten der Convention hat jede der unterzeichneten Firmen von den neuen Preisen und Bedingungen ihre Kunden durch ein Circular folgenden Inhalts zu unterrichten:

Circular:

„Wir theilen Ihnen hierdurch mit, daß, nachdem unsere Verkaufspreise auf einen schweren Verlust bringenden Stand herabgedrückt worden sind, wir uns nunmehr mit unseren Concurrenten vereinigt haben, auf gleicher Basis die Preise und Conditionen festzusetzen.

Wir geben der Hoffnung Raum, daß nunmehr der Artikel durch die auch für die aufgehobene unterbietende Concurrenz wieder lohnend und dadurch dem Consumenten durch fleißigeres Angebot näher gerückt werde.

Wir werden Sie demnächst mit unseren neuen Preisen und Zahlungsbedingungen bekannt machen und zeichnen achtungsvoll."

§ 8.

Sofort nach Inkrafttreten der Convention müssen in einem ausführlichen Schreiben an den Vertrauensmann namhaft gemacht werden, mit Namen, Stückzahl, Preis, Conditionen und Lieferzeit:

Diejenigen Abschlüsse, welche noch unbemustert, sowie die bemusterten, aber noch nicht gelieferten Abschlüsse, welche insgesammt vor Abschluß der Convention gethätigt sind.

Diese Quantitäten, sofern sie 50 ganze Stück im Einzelnen Fall überschreiten, mit Angabe der Käufer, Lieferzeit, Preise und Conditionen, hat jedes Conventionsmitglied den anderen mitzutheilen.

Bestellungen, welche den Abgangs-Poststempel vom 24. September 1889 tragen, dürfen nur zu neuen Preisen angenommen werden, Vertreter und Reisende dürfen nur bis zum 25. September 1889 einschließlich Aufträge unter Conventionspreisen annehmen.

§ 9.

Die zum Verkauf berechtigten Agenten, Reisende und Beamten sind sofort nach Abschluß der Convention auf dieselbe durch Vollziehung der endstehenden Erklärung durch amtlich beglaubigte Unterschriften an Eides statt zu verpflichten und zwar in der Weise, daß keiner derselben von seiner Provision, seinem Gehalt oder aus sonstigem Fond im Sinne des § 4 zum Zweck der Erlangung oder Vergrößerung von Aufträgen nur das geringste restituirt, schenkt ꝛc. und dadurch die Convention umgeht. Die Betheiligten verpflichten sich, diejenigen Agenten, Reisenden und Beamten, welche der Convention zuwiderhandeln, sofort zu entlassen.

1. **Formular für die Reisenden und Beamten:**

   Ich Endes-Unterzeichneter verpflichte mich durch amtlich beglaubigte Unterschrift an Eidesstatt, daß ich alle in vorstehenden Conventionsbestimmungen enthaltenen Verpflichtungen, die mich in meiner Eigenschaft als .... der Firma .... betreffen, treu und nach bestem Wissen und Gewissen erfüllen will.

   Unterschrift:
   Beglaubigt:

2. **Formular für die Agenten und solche, welche Unterbeamten haben:**

   Ich Endes-Unterzeichneter verpflichte mich durch amtlich beglaubigte Unterschrift an Eidesstatt, für mich und auch für meine Untergebenen, daß ich alle in vorstehenden Conventionsbestimmungen enthaltenen Verpflichtungen, die mich in meiner Eigenschaft als .... der Firma .... betreffen, treu und nach bestem Wissen und Gewissen erfüllen will, ferner verpflichte ich mich keinem meiner Auftraggeber oder deren Bediensteten von meiner Provision, meinem Gehalte oder aus sonstigem Fond das Geringste zu vergüten, oder irgend welche Versprechungen zu machen, welche den §§ 4 und 9 der Convention zuwider sind; ich verpflichte mich ferner für allen Schaden aufzukommen, welcher meiner Firma durch etwaige Uebertretungen von meiner Seite oder von Seiten meiner Untergebenen erwachsen sollte und zwar unbeschadet der Conventionalstrafe.

   Unterschrift:
   Beglaubigt:

§ 10.

Die Consignationsläger sollen bis zum 1. October aufgelöst sein.

Parthie- und Defect-Waare ist wie folgt zu classificiren und nur in der Zeit vom 1. Mai bis 1. September an die in Aussicht zu nehmenden Central-Verkaufsstellen zu senden, welche auf gemeinsame Kosten, die nach Maßgabe der angelieferten Beträge vertheilt werden, zu unterhalten sind.

Formular

Die Betheiligten haben dem Vertrauensmann bei Abschluß der Convention diejenige Stückzahl mitzutheilen, welche sie zu produciren im Stande sind. Für diese Angabe gilt die Norm, daß ein Rouleau 50 ganze Stücke à 60 m, eine Perrotine 12 ganze Stücke à 60 m pro Normal-Arbeitstag fertig stellt. Von dieser Stückzahl soll es jedem Contrahenten frei stehen, vorläufig vom 1. December 1889 ab, drei Procent direct von der Fabrik aus in Parthie- und Defectwaaren nach seiner, nach den folgenden Festsetzungen für diese minderwerthigen Waaren, getroffenen Wahl an die Kundschaft abzuführen. Diese Quantitäten sind Schluß des Monats übersichtlich nach Art, Qualität, Namen der Empfänger und Preis geordnet, dem Vertrauensmann aufzugeben. Letzterer hat dieselben auf den Procentsatz der angegebenen Fabrikationsquantitäten monatlich zu prüfen.

Parthiewaare, 1 Pfennig unter Preis-Courant, soll etiquettirt sein mit genau demselben Etiquette, wie reelle Waare, jedoch ist rechts neben der Qualität ein Punkt in Größe von 3 mm und in Farbe der Etiquettes mit Gummistempel aufzudrücken.

Dieselbe darf nur enthalten ausrangirte Muster, die sich gleich schlechten und verkehrten Farbenstellungen als ungangbar herausgestellt sowie ganz minimale kleine Fleckchen, die durch Entfernen beim Ausschnitt das Uebrige nicht entwerthen.

Defectwaare I, 2 Punkte in Größe und Farbe wie oben auf demselben Etiquette.

Diese Sorte soll enthalten dürfen bei einem Decort von **2 Pfennige unter Preis-Courant,** kleinere Druckfehler, leichte Haken oder Klebflecken, wenig auffälliges Ausbleiben von Figuren.

Defect-Waare II, 3 Punkte wie vor bei Defect I, **3 Pfennige unter Preis-Courant** soll enthalten:

Den ganzen Rest von Fehl-Fabrikation, sofern noch ein Preis von 3 Pfennigen unter Preis-Courant zu erzielen möglich. Was absolut unverkäuflich ist, soll von jedem Fabrikanten ohne Preis an die Centralstelle geliefert und bestmöglichst von dort verkauft werden.

Hat ein Contrahent für die Central-Verkaufsstelle unverkäufliche Muster in einer der 3 Kategorien, so hat derselbe diese Parthie, falls er sie an den Markt bringen kann, mit Angabe des Landes dem Vertrauensmann anzumelden und kann derselbe einen anderen Contrahenten zur Einsichtnahme und Berichterstattung über diese angemeldete Parthie delegiren.

Defecte, zweiseitig gefärbte Blaudrucks, sowie Reste bis zu 5 Meter können von der Fabrik aus verkauft werden und brauchen den Centralstellen nicht zugeführt zu werden.

§ 11.

Uebergangsbestimmungen.

1. Der Verkauf von Parthie- und Defectwaare ist von heute bis zum 1. Dezember 1889 gesperrt.
2. Von heute ab sollen sämmtliche auswärtigen Läger nicht mehr ergänzt werden. Bei der nächsten Versammlung soll der Zeitpunkt deren definitiver Auflösung festgestellt werden.
3. Die Qualitäten
   a) aus der Rohwaare k 16/17 p. 60,09 m 5,792 kg wiegend von Kümpers & Timmermann und gleiche Sorten anderer Fabrikanten,
   b) 74 cm $8^3/_4/9$ Pfd. von Kümpers & Timmermann und gleiche Sorten wie vor, ferner
   c) 74 cm sl 15/15 von Kümpers & Timmermann und J F H von Huesker und gleiche Sorten wie vor, sollen aus dem Verkauf so schnell wie möglich entfernt, und darf keine Rohwaare in diesen Sorten weiter contrahirt werden. In der Sorte ad a) sind nur um 1 Pfg. billigere Verkäufe gegen die Preise der sogenannten 14 Pfd.-Waare zu thätigen bis die Vorräthe und Contracte darin erledigt sind. In den Preiscouranten dürfen vorstehende Qualitäten nicht mehr aufgenommen werden und sind aufzuarbeiten.

§ 12.

Kein Contrahent darf seine Qualitäten, deren Preise gemeinschaftlich festgestellt sind, durch geringere Rohwaare verschlechtern noch verbessern. Nimmt ein Fabrikant den Blaudruckartikel eines Anderen auf, so darf er denselben nicht niedriger verkaufen; zu dem Zweck hat laut § 2 jeder Contrahent jede neue Qualität oder Artikel den anderen einzusenden, dagegen steht es jedem frei, bessere Qualitäten zu entsprechend höheren Preisen einzuführen, sowie auch die Preise von solchen Artikeln, welche mit anderen nicht concurriren, beliebig zu bestimmen. Vor der ersten Offerte eines solchen neuen Artikels ist eine Qualitäts- oder Genre-Probe, richtig bezeichnet und benannt, mit Preisangabe unter Conventions-Conditionen beim Vertrauensmann zu deponiren, der die Angelegenheit im Sinne der Convention weiter behandeln eventuell der General-Versammlung unterbreiten wird. Diese ist berechtigt, den Minimalpreis festzusetzen.

§ 13.

Ueber Kunden, welche mündlich oder schriftlich unwahre Behauptungen gravirender Art über die Offerte xc. einer der unterzeichneten Firmen aufstellen, sowie unter oder zum Einkaufspreis verkaufen, kann seitens der General-Versammlung eine Sperre von einem Jahre vom Tage des Beschlusses ab, während welcher Zeit keiner der Contrahenten denselben Offerte machen oder Waare verkaufen darf, verhängt werden.

§ 14.

Verkaufsmuster sind außer im Export nur von solchen Dessins, die der Abnehmer fest bestellt hat, abzugeben. Vorrathsmuster, die nur auf umgehendes Accept angestellt werden, sollen nicht größer wie 3 × 5 cm sein, damit sie nicht zu Reisezwecken dienen können. Diejenigen Kunden, welche $^1/_4$, $^1/_2$ oder mehr m über die ganze Breite bis dahin gewünscht haben, erhalten gratis bis zu $^1/_2$ m über die ganze Breite oder deren Flächeninhalt geliefert; darüber hinausgehende Ansprüche sind zu berechnen. Auf Wunsch können an Stelle der Breitenabschnitte auch entsprechende Flächen Quantität aufgeklebte Muster geliefert werden.

§ 15.

Die Preisbasis für den Artikel Blaudruck bildet der Preis, welcher für einfarbige und zweifarbige Muster, außer solche, welche olive oder crème enthalten, festgesetzt wird.

Für jedes 3farbige und 4farbige Muster tritt ein Aufschlag von 2 Pfennigen ein, worin selbstverständlich die Artikel mit olive, crème und Albumin-Erdfarben, außer mit roth, einbegriffen sind und zwar sollen die Preise-Basis der sogenannten 14 Pfd.-Waare

aus 78 cm 16/16 Faden 20/20er Garn   oder 78 cm 15/17 Faden 20/20er Garn
oder 78 „ 16/15 „ 20/18er „   „ 78 „ 17/15 „ 20/20er „

für Eingangs angegebene eincouleurige und zweicouleurige Muster auf **40 Pfennige**, demnach für 3 und mehrfarbig auf **42 Pfennige** festgestellt werden, **franco und loco Bahnhof Fabrikationsort. Bei dieser Qualität soll die 2seitig dunkele Färbung 6 Pfennige mehr kosten,** jede andere bessere Qualität im Verhältniß der Gewichtszunahme höher.

Lohndruck ist überhaupt nicht mehr auszuführen.

Der Artikel in welchem als Paßfarbe-, sowohl wie auch als Ueberdruck Zinoberroth vorkommt, soll 46 Pfennige kosten. Alle mit Albumin aufgedruckten Erdfarben mit Ausschluß von roth sollen 42 Pfennig kosten.

Der Artikel Alizarin Vordruck und bei dunkel mittelblauem Grund ein- oder zweifarbig Ueberdruck soll 6 Pfennige mehr wie 3- und 4farbig, also 48 Pfennige kosten.

Uni türkisch roth als 1couleuriger Blaudruck bearbeitet soll 10 Pfennige über dem 1- und 2couleurigen Blaudruck, also 50 Pfennige kosten.

Diese vorstehenden Preise gelten für Grossisten, auch solche, welche nebenbei Detail-Geschäfte betreiben. Ueber die Art der Kunden, ob solche Grossisten oder reine Detaillisten in diesem Sinne sind, haben sich die Contrahenten vor ihren Offerten genau zu informiren und hat jeder Contrahent den anderen solche Detaillisten, die in wahrem Sinne nebenbei auch Grossisten sind, durch Cirkular-Verkehr namhaft zu machen.

Die Preise für Detailleure im wahren Sinne des Wortes sind **mindestens zwei und einhalb Pfennige höher zu halten,** außerdem soll es gestattet sein, die Condition unter § 3 a) bei Detaillisten als 6 Monate offenes Ziel zu betrachten oder dafür höhere Preise anzusetzen, und ist es jedem Contrahenten anheimgestellt, diesen Satz beliebig zu erhöhen.

Die Breiten in roh, circa 86 cm und circa 92 cm, in sogenannter 14 Pfd.-Waare, sollen bestehen bleiben. Alle Qualitäten über der 78 cm 14 Pfd.-Waare sollen im Verkauf für 1seitig gefärbt mindestens 5 Pfennige höher sein.

Die Qualität aus roh 15/15 Faden, 78 cm 10 Pfd. von Kümpers & Timmermann und entsprechende von anderen Fabrikanten soll bestehen bleiben und 3 Pfennige unter dem Grundpreis der 14 Pfd.-Waare, also 37 Pfennige kosten.

Die Qualität J F von Hueske, 74 cm oder ml 15/15 von Kümpers & Timmermann, 74 cm und entsprechende Qualitäten von anderen Fabrikanten, sollen 7 Pfennige unter dem Grundpreis der 14 Pfd.-Waare, also 33 Pfennige kosten.

Die Qualität von Kümpers & Timmermann, 65 cm roh 15/13 Faden und entsprechende Qualitäten anderer Fabrikanten, sollen nur im Export und nur zum Basispreis zu 31 Pfennige geführt werden und zwar nur einfarbig.

§ 16.

Seemäßige Kistenpackung ist besonders zu berechnen, alle übrige Verpackung frei.

An Grossisten verkaufte Quantitäten dürfen nicht von den Fabrikanten direct verpackt und an deren Kundschaft gesandt werden.

§ 17.

Die Convention gilt für die sämmtlichen Absatzgebiete des Artikels und ist die Dauer derselben vorläufig auf fünf Jahre (5), beginnend am 23. September 1889 und endigend am 23. September 1894, festgesetzt.

Falls vor dem 1. März 1894 von einem oder dem anderen Conventionsmitgliede eine Kündigung nicht erfolgt, läuft die Convention stillschweigend die gleiche Zeitdauer weiter und bedarf es keiner weiteren Mittheilung der Comparenten gegenseitig.

§ 18.

In der ersten Hälfte September jeden Jahres findet eine **General-Versammlung** der Contrahenten statt, worin über die Wirkungen der Convention Bericht erstattet und über die Preisfrage der Hauptsaison Beschluß gefaßt werden soll.

Ist jedoch im Laufe der Zeit eine Conjunctur in Aussicht und eine Veränderung der Preise auch aus anderen Gründen angezeigt, oder eine sonstige Veranlassung vorhanden, so soll auf
Formular Antrag eines Comparenten durch **Circularverkehr** an die übrigen Mitglieder jeweilig eine berathende Versammlung durch den Vertrauensmann, dem schließlich das Circulair zu übersenden ist, einberufen werden, ebenso soll der Circularverkehr über etwaige Vorkommnisse zu Aufklärungen benutzt werden.

§ 19.

Uebertretungen vorstehender Bestimmungen sind, so weit vorstehend nicht anders bestimmt ist, mit einer **Geldbuße** von 5000 Mark (fünftausend) für jeden einzelnen Fall zu bestrafen, und soll diese Summe in erster Linie zur Deckung der Conventionsspesen verwandt werden. Ueber die Verwendung der danach verbleibenden Ueberschüsse beschließt die General-Versammlung, es hat demnach jeder Contrahent einen Sola-Wechsel lautend auf 5000 Mark, girirt an den Vertrauensmann, Herrn Commerzienrath F r i e d r i c h v o n E y n e r n, Handelskammer-Präsident in Barmen, bei der Bergisch-Märkischen Bank in Elberfeld zu hinterlegen, und sofort durch einen neuen, in gleichem Betrag zu ersetzen, wenn durch Erkenntniß eine Strafe verwirkt ist.

§ 20.

Wird ein Contraventionsfall vermuthet, so ist der Vertrauensmann zunächst davon in Kenntniß zu setzen und hat dieser die nothwendigen Erhebungen zur Feststellung des Thatbestandes zu machen. Die vermuthlichen Contravenienten sind verpflichtet auf sein Verlangen die Bücher, Beläge 2c. vorzulegen, event. die Conventionalstrafe sofort zu zahlen. Wird die Contravention bestritten, so entscheidet die General-Versammlung auf Grund des vom Vertrauensmann beizubringenden Materials, ob die Angelegenheit vor das Schiedsgericht zu bringen ist.

§ 21.

Wird eine General-Versammlung anberaumt, welche auf Antrag eines Contrahenten jeder Zeit durch eingeschriebenen Brief 8 Tage vorher durch den Vertrauensmann einberufen werden muß, so haben sämmtliche Contrahenten zu erscheinen, wobei wünschenswerth, daß immer dieselben Abgesandten und Theilhaber der Firmen der Einladung nachkommen. Ist jedoch eine Firma am Erscheinen gehindert, so kann sie sich nur durch einen mit Vollmacht versehenen Abgesandten vertreten lassen. Macht dieselbe von ihrem Recht keinen Gebrauch, so wird angenommen, daß sie mit den Beschlüssen der General-Versammlung einverstanden ist.

Zur Beschlußfassung ist Einstimmigkeit erforderlich.

Jeder der mitunterzeichneten Contrahenten sowie der Vertrauensmann haben je 1 Stimme.

§ 22.

Alle Streitfragen unter den Contrahenten, die aus dieser Convention etwa entstehen, sollen durch Schiedsrichter endgültig erledigt werden. Gegen das Urtheil dieser Schiedsrichter findet kein weiteres Rechtsmittel statt. Die Zahl der Schiedsrichter soll drei betragen. Dieselben werden von dem Vertrauensmann ernannt.

§ 23.

Im Falle einer der Contrahenten im Laufe der Conventionszeit sein Anwesen verkauft, überträgt oder in eine Actien-Gesellschaft umwandelt, darf dies nur unter der Bedingung geschehen, daß die Rechtsnachfolger auf diese Convention verpflichtet werden. Ebensowenig darf ein Inhaber der betheiligten Firmen ein schon bestehendes, außerhalb der Convention stehendes Concurrenz-Unternehmen in irgend einer Weise unterstützen oder ein neues gründen helfen.

§ 24.

Jeder Contrahent giebt vor dem fungirenden Notar und Zeugen die Erklärung an Eidesstatt ab, daß er vorstehende Stipulation treu und gewissenhaft erfüllen will, damit der Artikel Blaudruck wieder zu verdienten Ehren gelange und dadurch für alle Contrahenten sowohl wie für die Zwischenhändler reichliche Früchte ersprießen.

§ 25.

Die Kosten der Convention werden durch den Vertrauensmann zu gleichen Theilen alljährlich auf die Contrahenten repartirt.

Vorgelesen: Genehmigt: Unterschrieben:

Formular für diejenigen Theilhaber der Firmen, welche die Convention nicht persönlich gethätigt haben:

Ich Endes-Unterzeichneter trete der von meinem Compagnon Herrn .... am 23. September 1889 vor Herrn Notar Nießen zu Düsseldorf geschlossenen vorstehenden Convention in allen Punkten bei, und verspreche hiermit durch Unterschrift an Eides statt, die in derselben enthaltenen Stipulationen treu und nach bestem Wissen und Gewissen zu erfüllen.

Unterschrift:

Beglaubigt:

Notar und Zeugen:

1. **Formular für die Reisenden und Beamten:**

Ich Endes-Unterzeichneter verpflichte mich durch amtlich beglaubigte Unterschrift an Eidesstatt, daß ich alle in vorstehenden Conventionsbestimmungen enthaltenen Verpflichtungen, die mich in meiner Eigenschaft als .... der Firma .... betreffen, treu und nach bestem Wissen und Gewissen erfüllen will.

Unterschrift:

Beglaubigt:

2. **Formular für die Agenten und solche, welche Unterbeamten haben:**

Ich Endes-Unterzeichneter verpflichte mich durch amtlich beglaubigte Unterschrift an Eidesstatt, für mich und auch für meine Untergebenen, daß ich alle in vorstehenden Conventionsbestimmungen enthaltenen Verpflichtungen, die mich in meiner Eigenschaft als .... der Firma .... betreffen, treu und nach bestem Wissen und Gewissen erfüllen will, ferner verpflichte ich mich keinem meiner Auftraggeber oder deren Bediensteten von meiner Provision, meinem Gehalte oder aus sonstigem Fond das Geringste zu vergüten, oder irgend welche Versprechungen zu machen, welche den §§ 4 und 9 der Convention zuwider sind; ich verpflichte mich ferner für allen Schaden aufzukommen, welcher meiner Firma durch etwaige Uebertretungen von meiner Seite oder von Seiten meiner Untergebenen erwachsen sollte und zwar unbeschadet der Conventionalstrafe.

Unterschrift:

Beglaubigt:

Tab. 1 Stoffdruckproduktion in der BRD in Mio. m² 1952–1962
(Eigendruck und Lohndruck)

	1952	1953	1954	1955	1956	1957	1958	1959	1960	1961	1962
Januar	26 652	27 990	28 031	27 217	34 488	36 334	36 307	32 345	36 517	37 488	35 255
Februar	25 551	25 001	26 819	25 612	33 078	33 761	31 982	31 259	37 087	34 433	30 189
März	26 479	30 812	29 710	32 364	34 631	36 986	35 495	32 792	42 268	37 504	31 289
April	26 040	28 417	27 409	26 994	32 308	35 798	29 353	35 039	35 217	29 039	26 540
Mai	25 132	23 686	24 002	29 600	29 838	36 227	26 385	28 122	36 799	27 546	30 808
Juni	20 015	25 633	20 365	28 176	30 214	26 551	25 075	31 299	30 386	29 190	26 109
Juli	18 641	21 031	22 061	27 564	28 650	33 780	30 921	34 474	31 052	28 469	30 386
August	19 977	(29 409)	22 661	27 396	27 618	27 831	22 346	27 117	27 767	23 521	25 624
September	25 620	29 834	25 528	31 429	30 290	33 961	27 886	37 103	36 274	29 138	28 550
Oktober	30 270	31 271	26 928	34 605	36 018	37 156	31 781	38 338	35 066	30 582	33 996
November	28 719	27 931	26 643	35 481	32 254	32 907	27 426	34 966	34 850	31 203	31 545
Dezember	27 989	25 786	25 453	33 209	33 295	29 577	27 493	34 752	33 496	27 956	26 530

Quelle Textilfachstatistik Frankfurt.

Tab. 2 Eigendruckproduktion in der BRD in Mio. m² 1952–1962

	1952	1953	1954	1955	1956	1957	1958	1959	1960	1961	1962
Januar	15 278	16 428	17 092	16 458	21 034	23 421	23 103	20 190	23 124	24 658	22 270
Februar	15 699	15 514	17 166	16 085	20 556	21 745	18 888	19 842	23 732	22 620	19 450
März	15 443	17 741	18 081	19 191	21 774	23 357	21 831	21 039	27 289	23 852	19 339
April	14 224	17 234	15 971	16 074	19 928	22 049	18 208	22 535	22 174	18 576	16 907
Mai	13 395	13 672	14 161	16 669	18 501	21 755	16 225	17 663	23 192	17 418	19 340
Juni	11 024	15 622	12 301	15 199	18 689	16 754	15 042	18 924	19 055	17 893	15 458
Juli	10 147	12 220	12 030	13 706	16 958	20 503	18 640	20 936	18 898	18 063	18 147
August	10 216	12 196	11 700	13 217	16 325	15 692	13 199	15 795	16 354	14 338	15 300
September	13 640	16 848	13 919	16 146	18 650	20 757	16 846	22 411	22 908	17 590	17 144
Oktober	16 061	16 991	15 620	17 373	22 776	23 087	19 529	24 148	22 924	19 012	20 139
November	15 552	15 675	15 322	17 686	19 626	19 035	16 358	21 666	22 473	19 626	17 989
Dezember	15 212	15 596	15 292	18 593	20 443	17 861	17 016	21 833	31 733	17 633	15 806

Quelle Textilfachstatistik Frankfurt.

Tab. 3 Lohndruck in der BRD in Mio. m² 1952–1962

	1952	1953	1954	1955	1956	1957	1958	1959	1960	1961	1962
Januar	11 374	11 562	10 932	10 759	13 454	12 913	13 204	12 155	13 393	12 830	12 985
Februar	9 852	10 265	9 653	9 525	12 522	12 016	13 094	11 417	13 346	11 813	10 739
März	11 036	13 071	11 629	13 173	12 857	13 629	13 664	11 753	14 979	13 652	11 947
April	11 816	11 183	11 438	10 920	12 318	13 749	11 151	12 524	13 043	10 463	9 633
Mai	10 737	10 014	9 841	12 931	11 337	14 472	10 160	10 459	13 607	10 128	11 468
Juni	8 991	10 011	8 064	12 977	11 525	9 797	10 033	12 375	11 331	11 297	10 651
Juli	8 494	11 511	10 031	13 858	11 692	13 331	12 272	13 538	12 154	10 406	12 239
August	9 761	(17 213)	10 861	14 179	11 293	12 139	9 147	11 322	11 413	9 183	10 324
September	11 980	12 986	11 609	15 283	11 640	13 204	11 040	14 692	13 366	11 548	11 406
Oktober	14 208	14 280	11 308	17 232	13 242	14 069	12 252	14.190	12 142	11 570	13 857
November	13 167	12 256	11 321	16 795	12 628	13 872	11 104	13 300	12 377	11 577	13 556
Dezember	12 777	10 190	10 161	14 616	12 842	11 716	10 277	12 919	11 763	10 323	10 724

Quelle Textilfachstatistik Frankfurt.

Tab. 4 Stoffdruckproduktion der BDR
(in Mio. qm)

	1952	1953	1954	1955	1956	1957	1958	1959	1960	1961
Gesamte Druckproduktion	300,1	324,9	305,5	358,6	382,7	400,9	352,3	397,6	416,8	366,1
darunter										
Wäsche und Bekleidungsstoffe	247,7	263,7	245,0	288,9	311,6	330,5	285,8	325,4	339,6	289,3
(in % der Gesamtproduktion)	82,5	81,2	80,2	80,6	81,4	82,4	81,1	81,8	81,5	79,0
dar. Kette Baumwolle	151,0	170,5	167,1	197,2	202,4	221,1	196,6	226,4	241,3	201,5
(in % der Gesamtproduktion)	50,3	52,5	54,7	55,0	52,9	55,1	55,8	56,9	57,9	55,0
darunter Kette Zellwolle	72,7	69,8	57,0	66,8	80,0	82,0	64,5	69,1	62,2	51,8
(in % der Gesamtproduktion)	24,2	21,5	18,7	18,6	20,9	20,5	18,3	17,4	14,9	14,1
darunter Kette Reyon	22,8	22,2	19,1	21,0	23,5	20,6	16,9	19,3	24,3	26,8
(in % der Gesamtproduktion)	7,6	6,8	6,3	5,9	6,1	5,1	4,8	4,9	5,8	7,3
darunter Kette Sonstiges	1,5	1,2	1,8	3,8	5,7	6,8	7,6	10,4	12,0	9,2
(in % der Gesamtproduktion)	0,5	0,5	0,6	1,1	1,6	1,8	2,2	2,6	2,9	2,8
darunter										
Möbel- und Zimmerausstattungen	38,8	43,5	44,5	51,5	52,4	52,0	48,9	55,3	58,0	58,1
(in % der Gesamtproduktion)	12,9	13,4	14,6	14,4	13,7	13,0	13,9	13,9	13,9	15,9
darunter										
Decken und Tücher	11,9	14,9	14,7	17,1	17,3	16,4	16,9	16,5	17,3	16,4
(in % der Gesamtproduktion)	4,0	4,6	4,8	4,8	4,5	4,1	4,8	4,1	4,2	4,5
darunter										
Sonstiges	1,4	2,7	1,3	1,1	1,4	2,0	0,7	0,7	1,7	1,7
(in % der Gesamtproduktion)	0,5	0,7	0,3	0,2	0,3	0,4	0,2	0,2	0,4	0,4

Quelle Textilfachstatistik »Die Textilindustrie in der BRD«, Frankfurt 1952–1961.

Tab. 5 Meterwarenproduktion der Webereien in der BRD
(in Mio. qm)

	1952	1953	1954	1955	1956	1957	1958	1959	1960	1961
Gewebe ganz oder überwiegend aus *Baumwollgespinst*										
Rohgewebe	469	467	465	413	410	460	432	439	478	459
Fertiggewebe für Bekleidung und Leibwäsche										
für Männer- und Knabenoberbekleidung	72	82	81	89	100	101	92	96	102	109
für Damenoberbekleidung	60	71	74	75	85	87	89	104	109	93
als Futterstoff	14	25	24	25	25	26	19	16	14	17
für Leibwäsche	96	121	162	169	196	196	184	176	184	154
für Haus-, Bett- und Tischwäschestoffe	156	171	179	193	229	258	254	255	270	272
für Möbel- und Dekorationsstoffe	–	–	11	11	11	11	10	11	10	9
	867	937	996	985	1056	1139	1080	1097	1167	1113
Gewebe ganz oder überwiegend aus *Zellwollgespinst*										
Rohgewebe	104	138	132	136	148	140	113	130	142	130
Fertiggewebe für Bekleidung und Leibwäsche										
für Männer- und Knabenoberbekleidung	9	15	18	15	13	11	8	5	5	4
für Damenoberbekleidung	48	70	74	68	66	61	54	60	56	49
als Futterstoff	11	13	14	18	15	17	17	16	11	12
für Haus-, Bett- und Tischwäschestoffe	4	5	4	6	6	9	10	8	6	5
für Möbel- und Dekorationsstoffe	–	–	34	35	34	35	32	33	37	36
	176	241	276	278	282	273	234	252	257	236

Tab. 5 (Fortsetzung)

	1952	1953	1954	1955	1956	1957	1958	1959	1960	1961
Gewebe ganz oder überwiegend aus *Reyongespinst*										
Rohgewebe	12	17	14	15	17	14	13	15	18	17
Fertiggewebe für Bekleidung und Leibwäsche										
für Damenoberbekleidung	74	78	67	65	70	58	53	44	43	37
als Futterstoff (einschließlich Seide)	58	76	79	86	105	111	109	117	128	155
für Leibwäsche (einschließlich Seide)	7	7	9	9	9	7	7	9	9	8
für Haus-, Bett- und Tischwäschestoffe	3	3	2	1	2	3	2	2	3	3
	154	181	171	176	203	193	184	187	201	220
Gewebe ganz oder überwiegend aus *Synthetics*										
Fertiggewebe für Damenoberbekleidung	–	–	–	5	6	6	6	9	16	29
für Leibwäsche	–	–	–	7	6	5	5	5	5	5
	–	–	–	12	12	11	11	14	21	34
Gewebe ganz oder überwiegend aus *Wolle*										
Fertiggewebe für Bekleidung und Leibwäsche										
für Männer- und Knabenoberbekleidung	65	72	70	74	74	75	64	67	73	71
für Damenoberbekleidung	32	39	39	47	53	58	46	58	55	57
	97	111	109	121	127	133	110	125	128	126

Quelle Die Industrie der BRD, Reihe 3 »Die industrielle Produktion 1952–1961«, Stuttgart und Mainz 1962, S. 84ff.

Tab. 6 ***Beschäftigte***
(in 1000 Personen)

	1950	1951	1952	1953	1954	1955	1956	1957	1958	1959	1960	1961	1962
Januar	11,4	13,3	12,9	13,6	13,9	13,1	14,0	14,0	14,2	12,7	13,4	13,5	12,2
Februar	12,0	13,3	13,0	13,7	13,8	13,1	14,0	13,9	14,1	12,8	13,4	13,4	11,3
März	11,9	13,3	12,9	13,8	13,8	13,2	14,0	13,9	14,1	12,7	13,4	13,3	11,3
April	12,3	13,4	12,9	13,9	13,7	13,3	14,0	14,1	14,0	12,9	13,5	13,2	11,4
Mai	12,3	13,4	12,6	13,8	13,6	13,4	13,9	14,1	13,8	12,9	13,6	13,1	11,4
Juni	12,5	13,2	12,6	13,8	13,5	13,6	13,9	14,1	13,7	12,9	13,5	12,6	11,4
Juli	12,5	13,1	12,6	13,9	13,5	13,6	14,0	14,2	13,7	13,1	13,5	12,6	
August	12,7	13,1	12,8	14,0	13,6	13,8	14,0	14,3	13,3	13,0	13,5	12,5	
September	13,0	12,9	12,9	13,9	13,4	13,7	14,0	14,4	13,0	13,1	13,4	12,4	
Oktober	13,2	12,9	13,2	14,0	13,5	13,9	13,9	14,3	13,0	13,1	13,5	12,3	
November	13,3	12,9	13,3	13,9	13,5	14,0	14,0	14,3	12,9	13,2	12,8	12,3	
Dezember	13,3	12,9	13,3	13,8	13,4	13,9	13,9	14,2	12,8	13,2	13,4	12,2	

Quelle Statistik der Vereinigung der Stoffdruckereien e. V., Bonn.

Tab. 7 Die Ausfuhr an bedruckten Baumwoll- und Chemiefasergeweben
(in 100 t)

	1950	1954	1955	1956	1957	1959	1960	1961
EWG	15,4	11,6	13,9	16,5	17,6	23,3	28,2	24,3
darunter Belgien	8,0	6,3	7,3	6,3	8,2	9,8	9,4	7,4
Niederlande	4,6	3,1	3,9	7,1	6,7	10,2	12,7	10,1
Schweiz	4,2	6,0	5,7	6,5	8,1	10,5	12,3	9,8
Großbritannien	2,8	3,7	4,2	6,1	7,6	11,6	14,1	11,4
Skandinavien	1,6	21,3	19,0	18,2	17,5	17,1	19,0	16,8
Europa insgesamt	26,5	49,6	46,8	52,3	56,5	72,1	87,9	74,8
Afrika	8,6	28,3	28,0	23,1	30,3	27,2	34,0	38,0
Vorderer Orient	16,6	22,8	63,0	25,8	9,8	11,5	7,4	7,2
Australien und Neuseeland	0,2	5,0	6,4	6,7	7,4	9,7	9,6	6,3
Ausfuhr insgesamt	54,6	112,9	149,3	117,7	113,1	129,8	148,5	132,4
Ausfuhr an bedruckten Baumwollgeweben	44,2	61,3	93,1	61,6	55,8	74,1	93,1	81,3
Ausfuhr an bedruckten Geweben aus Chemiefasern und -fäden	10,4	51,6	56,2	56,1	57,3	55,7	55,4	51,1

Quelle Der Außenhandel der BRD, Teil 2, Stuttgart 1950–1961.

Bedruckte Gewebe sind in der Außenhandelsstatistik im Jahr 1958 nicht gesondert ausgewiesen.

Tab. 8a Aktiver Veredlungsverkehr mit bedruckten Stoffen
(in 100 t)

	1954	1955	1956	1957	1959	1960	1961
Aktiver Eigenveredlungsverkehr	20,4	29,1	37,6	52,8	67,3	78,9	78,5
darunter Baumwolle	7,7	8,0	16,2	23,2	30,3	42,2	41,3
Aktiver Lohnveredlungsverkehr	19,6	58,6	20,8	9,3	12,8	15,5	11,3
darunter Baumwolle	19,0	57,4	19,8	7,9	10,5	13,7	10,0
Aktiver Veredlungsverkehr insgesamt	40,0	87,7	58,4	62,1	80,1	94,4	89,3

Tab. 8b Passiver Lohnveredlungsverkehr mit bedruckten Stoffen
(in 100 t)

	1954	1955	1956	1957	1959	1960	1961
Passive Lohnveredlung insgesamt	0,97	0,99	0,33	0,41	0,87	0,72	0,90

Quelle Der Außenhandel der BRD, Teil 2, Stuttgart 1950–1961.

Bedruckte Gewebe sind in der Außenhandelsstatistik im Jahr 1958 nicht gesondert ausgewiesen.

Tab. 9 Die Einfuhr an bedruckten Geweben
(in 100 t)

	1950	1954	1955	1956	1957	1959	1960	1961
EWG	0,4	0,5	1,7	7,9	6,8	19,7	29,4	26,4
darunter Niederlande	0,3	0,3	0,5	0,9	1,2	7,1	9,6	10,8
Frankreich	–	0,1	0,5	1,3	1,4	5,5	8,4	8,6
Italien	–	0,1	0,5	2,1	1,2	6,8	11,1	6,6
Schweiz	0,7	1,5	1,5	1,9	2,2	3,6	4,6	3,2
Österreich	1,0	1,8	1,7	2,4	3,3	3,7	3,6	2,6
Skandinavien	–	–	–	0,1	0,3	0,8	1,7	1,9
Spanien	–	–	–	–	–	0,5	1,2	2,0
Übrige europäische Staaten	–	0,9	0,7	0,8	3,2	4,0	8,5	8,8
Europa insgesamt	2,2	5,5	6,0	13,4	16,5	33,2	49,6	45,6
Asien	0,3	–	–	–	0,1	0,6	0,8	1,2
USA	0,1	–	–	0,1	0,7	0,4	0,5	2,7
Einfuhr insgesamt	2,9	5,5	6,2	13,5	17,4	33,9	51,1	49,7
Einfuhr an bedruckten Baumwollgeweben	2,5	5,1	4,9	10,1	15,2	26,4	40,9	37,7
bedruckten Geweben aus Chemiefasern	0,4	0,4	1,0	3,1	1,8	5,0	5,8	3,9
bedruckten Seidengeweben	–	–	0,3	0,3	0,4	1,0	2,2	2,0

Quelle Der Außenhandel der BRD, Teil 2, Stuttgart 1950–1961.

Bedruckte Gewebe sind in der Außenhandelsstatistik im Jahr 1958 nicht gesondert ausgewiesen.

Tab. 10 Die Einfuhr an bedruckten Geweben
(in Mio. DM)

	1950	1954	1955	1956	1957	1959	1960	1961
EWG	0,7	1,3	4,1	11,0	10,8	33,2	60,0	58,5
darunter Niederlande	0,5	0,6	0,9	1,6	1,9	9,0	13,3	13,5
Frankreich	–	0,4	1,4	3,2	3,7	9,9	16,5	17,7
Italien	0,1	0,3	1,6	3,2	2,8	13,9	29,8	26,8
Schweiz	2,3	7,5	8,3	9,5	10,3	14,8	19,7	17,2
Österreich	1,7	2,3	2,4	3,3	4,2	4,2	4,4	3,3
Skandinavien	–	0,1	–	0,1	0,5	1,3	3,8	4,4
Spanien	–	–	–	–	–	0,7	2,1	3,9
Übrige europäische Staaten	–	0,8	0,6	0,6	2,5	3,0	7,4	8,1
Europa insgesamt	4,1	13,5	16,5	25,6	29,9	59,4	100,5	98,5
Asien	0,3	–	–	–	0,1	2,1	4,5	4,6
USA	0,3	–	–	0,2	1,4	0,8	1,2	6,2
Einfuhr insgesamt	6,3	13,5	16,8	25,9	31,6	62,4	106,6	109,5
Einfuhr an bedruckten Baumwollgeweben	5,3	12,7	12,1	18,5	24,1	39,0	63,5	61,0
bedruckten Geweben aus Chemiefasern	1,0	0,8	1,0	2,9	1,9	5,7	7,1	5,3
bedruckten Seidengeweben	–	–	3,7	4,5	5,6	14,2	28,7	25,8

Quelle Der Außenhandel der BRD, Teil 2, Stuttgart 1950–1961.

Bedruckte Gewebe sind in der Außenhandelsstatistik im Jahr 1958 nicht gesondert ausgewiesen.

Tab. 11 Verhältnis von Eigendruck zu Lohndruck
(in Mio. qm)

		1952	1953	1954	1955	1956	1957	1958	1959	1960	1961
Produktion insgesamt	in qm	300,1	324,9	305,5	358,6	382,7	400,9	352,3	397,6	416,8	366,1
davon Eigendruck	in qm	165,9	185,7	178,7	196,4	235,3	246,0	214,9	247,0	263,9	231,3
	in %	55,3	57,2	58,5	54,8	61,5	61,4	61,0	62,1	63,3	63,2
Lohndruck	in qm	134,2	139,1	126,8	162,2	147,4	154,9	137,4	150,6	152,9	134,8
	in %	44,7	42,8	41,5	45,2	38,5	38,6	39,0	37,9	36,7	36,8
Wäsche und Bekleidung insgesamt	in qm	247,7	263,7	245,0	288,9	311,6	330,5	285,8	325,4	339,6	289,3
davon Eigendruck	in qm	128,9	142,4	134,8	146,6	182,8	193,2	163,8	191,8	206,0	173,1
Lohndruck	in qm	118,8	121,3	110,2	142,4	128,8	137,3	122,0	133,5	133,6	116,2
davon *Kette Baumwolle*	in qm	151,0	170,5	167,1	197,2	202,4	221,1	196,6	226,4	241,3	201,5
davon Eigendruck	in qm	70,0	81,5	81,0	81,4	103,8	113,8	97,7	115,7	130,6	105,1
Lohndruck	in qm	81,1	89,0	86,1	115,8	98,6	107,3	98,9	110,7	110,7	96,4
davon *Kette Zellwolle*	in qm	72,7	69,8	57,0	66,8	80,0	82,0	64,5	69,1	62,2	51,8
davon Eigendruck	in qm	46,3	47,1	42,1	51,9	62,9	66,7	53,8	59,7	53,9	44,2
Lohndruck	in qm	26,4	22,7	14,9	15,0	14,1	15,3	10,7	9,4	8,2	7,5
davon *Kette Reyon*	in qm	22,8	22,2	19,1	21,0	23,5	20,6	16,9	19,4	24,3	26,8
davon Eigendruck	in qm	12,1	13,8	11,6	12,9	15,9	12,6	11,5	13,6	17,3	21,0
Lohndruck	in qm	10,7	8,4	7,5	8,1	7,6	8,0	5,4	5,7	7,1	5,8
davon *Kette Sonstiges*	in qm	1,5	1,2	1,8	3,8	5,7	6,8	7,6	10,4	12,0	9,2
davon Eigendruck	in qm	0,5	0,1	0,1	0,3	0,2	0,2	0,6	2,6	4,2	2,7
Lohndruck	in qm	1,0	1,2	1,7	3,5	5,5	6,6	7,0	7,8	7,8	6,5
Möbel- und Zimmerausstattung	in qm	38,8	43,4	44,5	51,5	57,4	52,0	48,9	55,3	58,0	58,1
davon Eigendruck	in qm	29,7	34,1	35,3	40,5	42,5	42,4	40,8	45,5	47,2	47,2
Lohndruck	in qm	9,1	9,3	9,2	11,0	9,9	9,6	8,2	9,8	10,8	10,9
Decken und Tücher	in qm	11,9	14,9	14,7	17,1	17,3	16,4	16,9	16,5	17,3	16,4
davon Eigendruck	in qm	7,2	8,2	8,1	9,3	9,8	9,5	10,3	9,7	10,2	10,1
Lohndruck	in qm	4,7	6,7	6,6	7,8	7,5	6,9	6,6	6,8	7,1	6,4
Sonstiges	in qm	1,4	2,7	1,3	1,1	1,4	2,0	0,7	0,7	1,7	1,7
davon Eigendruck	in qm	0,1	1,0	0,1	0,1	0,1	0,9	–	0,1	0,5	0,4
Lohndruck	in qm	1,3	1,7	1,2	1,1	1,3	1,0	0,7	0,6	1,2	1,3

Quelle Textilfachs stistik 1952–1961.

Den Abbildungen 1, 2, 3, 6, 8, 9, 10 wurden folgende Quellen zugrunde gelegt:

APELT, K., Die Textilindustrie, Essen 1914.

BEIN, L., Die Industrie des sächsischen Vogtlandes, Leipzig 1884.

BOLLINGER, A., Ein Beitrag zur Entwicklung des europäischen Textildrucks, Wien 1950.

BLUMER, U. F., Anfang und frühe Entwicklung des Zeugdrucks in der Schweiz, Glarus 1960.

Ciba-Rundschau, Basel, verschiedene Jahrgänge.

DEMMERING, G., Die Glauchau-Meeraner Textilindustrie, Leipzig 1928.

DIETSCHE, R., Die industrielle Entwicklung des Wiesentals bis 1870, Schopfheim 1933.

DIETZ, R., Die Gewerbe im Großherzogtum Baden, Karlsruhe 1863.

EXNER, W. F., Beiträge zur Geschichte der Gewerbe und Erfindungen Österreichs, Wien 1873.

Färberzeitung, Berlin, verschiedene Bände.

FECHT, C. G., Die großherzogl. badischen Amtsbezirke Waldshut etc., Lörrach und Waldshut 1859.

FORBERGER, R., Die Manufaktur in Sachsen, Berlin 1958.

FORRER, R., Die Kunst des Zeugdrucks vom Mittelalter bis zur Empirezeit, Straßburg 1898.

GAUMNITZ, OSKAR, Joh. Heinrich Edler v. Schüle, Melliand 1925.

GEBAUER, H., Die Volkswirtschaft im Königreich Sachsen, Dresden 1893.

Gewerbeblatt für Sachsen, Chemnitz 1839/40.

GOTHEIN, E., Wirtschaftsgeschichte des Schwarzwaldes, Straßburg 1892.

GRASSMANN, J., Die Entwicklung der Augsburger Industrie im 19. Jahrhundert, Augsburg 1894;

Die Großindustrie Österreichs, Wien 1898.

GRUNZEL, J., Die österreichische Baumwollindustrie, Wien 1899.

HACKE, C., Die Gewerbe in Elsaß-Lothringen, Straßburg 1881.

HERBSTER, K., Zur Geschichte der Lörracher Industrie, Lörrach 1926.

HERKNER, H., Die oberelsässische Baumwollindustrie und ihre Arbeiter, Straßburg 1887;

Die Industrie in Baden im Jahre 1925, Karlsruhe 1926.

JAHN, GEORG, Die Entstehung der Fabrik, Wiesbaden 1949.

JANNASCH, R., Die europäische Baumwollindustrie, Berlin 1882.

JENNY-TRÜMPY, A., Handel und Industrie des Kantons Glarus, Glarus 1900.

KERTESZ, A., Die Textilindustrie sämtlicher Staaten, Braunschweig 1917.

KNOEPFLI, A., Die Sulzerische Rotfarb- und Kattundruckerei.

KÖNIG, A., Die sächsische Baumwollenindustrie, Leipzig 1899.

KRÜGER, H., Zur Geschichte der Manufakturen und der Manufakturarbeiter in Preußen, Berlin 1958.

KRÜNITZ, J. G., Oecon. Encyclopädie, Berlin 1775.

KURRER, W., Geschichte der Zeugdruckerei, Nürnberg 1840.

LANDAUER, E., Handel und Produktion in der Baumwollindustrie, Tübingen 1912.

LEVY, R., Histoire économique de l'industrie cotonnière en Alsace, Paris 1912.

MANDT, TH., Strukturanalyse des Stoffdrucks in der BRD 1959, Münster 1960.

MELLIAND, Melliand Textilberichte, Heidelberg, verschiedene Jahrgänge.

NÄGELE, H., Das Textilland Vorarlberg, Dornbirn 1949.

OLDENBURG, F. A., Die Fabriken von Augsburg, Ausgsburg 1850.

OPPEL, A., Die Baumwolle, Leipzig 1902.

RATH, J., Joh. Heinrich Schüle und Christoph Philipp Oberkampf, Melliand 1942.

Reichsenquête für die Baumwoll- und Leinenindustrie, Berlin 1878.
Reuter, O., Die Manufaktur im fränkischen Raum, Stuttgart 1961.
Reuther, O., Die Entwicklung der Augsburger Textilindustrie, München 1945.
Rössig, C. G., Die Produkten-, Fabrik-, Manufaktur- und Handelskunde von Chursachsen, Leipzig, 1803, 1804.
Slokar, J., Geschichte der österreichischen Industrie, Wien 1914.
Smit, W. J., De Katoendrukkery in Nederland, Amsterdam 1928;
Société industrielle de Mulhouse, Mulhouse 1902;
Centenaire de la société industrielle, Mulhouse 1826–1926.
Strauss, R., Die Lage und die Bewegung der Chemnitzer Arbeiter, Chemnitz 1952.
Stünkel, D., Zahlen und Bemerkungen zur Situation der deutschen Stoffdruckereien, Bonn 1960.
Thun, A., Die Industrie am Niederrhein und ihre Arbeiter, Leipzig 1879.
Traupel, R., Schweizerische Zeugdruckereien, Ciba Rundschau, Basel, Nr. 97/1951;
Württembergische Cattunmanufaktur Heidenheim.

Ferner:
Fachstatistik (verschiedene Jahrgänge).
Statistik der Vereinigung der Stoffdruckereien, Bonn.
Unveröffentlichte Firmenchroniken.

Für Abb. 7 wurden von den obigen Quellen diejenigen benutzt, die Angaben über Sachsen enthalten,

Literaturverzeichnis

Apelt, K., Die Textilindustrie, Essen 1914.

Ashley, William J., British Industries, London 1903.

Bauer, Clemens, u. a., Augusta 955–1955, Forschungen und Studien zur Kultur und Wirtschaftsgeschichte Augsburgs, Augsburg 1955.

Bayer Farben Revue »Uralter Zeugdruck III« Nr. 3, 1962, Leverkusen 1962.

Bein, Louis, Die Industrie des sächsischen Vogtlandes, wirtschaftsgeschichtliche Studie, 2. Teil: die Textilindustrie, Leipzig 1884.

Benade und Storck, Artikel: »Der Zeugdruck«, in: Technisches Wörterbuch von Karmarsch und Heerens, 3. Aufl., Prag 1890.

Blumer, U. Ferdinand, Anfang und frühe Entwicklung des Zeugdrucks in der Schweiz unter besonderer Berücksichtigung des Kantons Glarus, Glarus 1960.

Bolliger, Arthur, Ein Beitrag zur Entwicklung des europäischen Textildrucks, Diss., Wien 1950.

Bombach–Riese–Raabe–Giersch–Senf–Hensel, Wachstum und Konjunktur, Darmstadt 1960.

Bossert, Helmuth Th., Geschichte des Kunstgewerbes aller Zeiten und Völker, Berlin 1928–1935.

Chevallier des Quarelles, Traité sur les Toiles peintes, 1760, Faksimiledruck der BASF 1925.

Ciba-Rundschau, Basel ab 1936.

Demmering, Gerhard, Die Glauchau-Meeraner Textilindustrie, Leipzig 1928.

Deppe, P., L. Köllner und A. Oberhauser, Die textilwirtschaftliche Lage der BRD, Textildienst der Forschungsstelle für allgemeine und textile Marktwirtschaft an der Universität Münster, Nr. 12/1954, Münster 1954.

Dietsche, Richard, Die industrielle Entwicklung des Wiesentales bis 1870, Diss., Schopfheim 1937.

Dietz, Rudolf, Die Gewerbe im Großherzogtum Baden, Karlsruhe 1863.

Durst, Elisabeth, Die wirtschaftlichen und sozialen Verhältnisse des Glarner Landes an der Wende vom 18. zum 19. Jahrhundert, Glarus 1951.

Erxleben, Joachim, Handbuch der textilen Veredelung, Berlin 1953.

Essenwein, A., Artikel in: »Anzeiger für Kunde der deutschen Vorzeit« 1872.

Exner, Wilhelm F., Beiträge zur Geschichte der Gewerbe und Erfindungen Österreichs, Wien 1873.

Färberzeitung, hg. von Adolf Lehne, Berlin 1889ff.

Fecht, C. G., Die großherzoglich badischen Amtsbezirke Waldshut, Säckingen, Lörrach, Schopfheim; Lörrach und Waldshut 1859.

Fetscherin, Werner, Beitrag zur Geschichte der Baumwollindustrie im alten Bern, Diss., Weinfelden 1924.

Forberger, Rudolf, Die Manufaktur in Sachsen vom Ende des 16. bis zum Anfang des 19. Jahrhunderts, Berlin 1958.

Forrer, Robert, Die Kunst des Zeugdrucks vom Mittelalter bis zur Empirezeit, Straßburg 1898; Reallexikon der prähistorischen, klassischen und frühchristlichen Altertümer, Berlin und Stuttgart 1907.

Franken, Albert, in: Zeitschrift für die gesamte Textilindustrie, »Nochmals über Filmdruck« 1953, Heft 12, S. 751f.; in: Ciba Rundschau, »Farbstoffe für den Druck« 1957, Nr. 135, S. 15–20; »Technische Entwicklung im modernen Walzendruck« 1957, Nr. 135, S. 2–14; »Apparative Probleme und Walzengravur« 1957, Nr. 135, S. 21–29.

Gaumnitz, Oskar, Joh. Heinrich Edler von Schüle, einer der Begründer der europäischen Kattunindustrie, Melliand-Textilberichte 1925.

Gebauer, Heinrich, Die Volkswirtschaft im Königreiche Sachsen, Band I–III, Dresden 1893.

Geering, Traugott, Die Entwicklung des Zeugdrucks im Abendland seit dem 17. Jahrhundert, in: Vierteljahresschrift zur Sozial- und Wirtschaftsgeschichte, Band I, Leipzig 1903.

Gesamtverband der deutschen Textilveredlungsindustrie e.V., Berlin, Berichte 1925 bis 1940.

Gewerbeblatt für Sachsen, industrielle Zustände Sachsens, 3. Heft, Chemnitz 1839/40.

Goldberger, Ludwig v., Zür Geschichte der Färberei und des Zeugdrucks in Ungarn, in: Melliand Textilberichte 1929, S. 470; 1930, S. 365f.

Gothein, Eberhard, Wirtschaftsgeschichte des Schwarzwaldes und der angrenzenden Landschaften, Straßburg 1892.

Grassmann, J., Die Entwicklung der Augsburger Industrie im 19. Jahrhundert, Augsburg 1894.

Grunzel, J., Die Großindustrie Österreichs, 6 Bände, Wien 1898–1910.

Hack, Carl, Die Gewerbe in Elsaß-Lothringen nach der Zählung vom 1. Dezember 1875, Straßburg 1881.

Haller, Robert, Rückblick auf die Vergangenheit der Textilveredlung, Melliand-Textilberichte 1938, S. 186ff.; Vom Türkischrot zum Alizarinrot, Melliand-Textilberichte 1938; Die Entwicklung des Zeugdrucks, Melliand-Textilberichte 1932, S. 197ff., 253f., 322ff., 377f., 433ff.; Färberei und Zeugdruck, Wien 1951; Über den Ursprung der Zeugdruckerei in der Schweiz, Sonderdruck der Textil-Rundschau Nr. 7, 1951.

Hassler, Friedrich, Die Augsburger Textil-, Metall- und Papierindustrie, in: Augusta 955–1955, Augsburg 1955, S. 403ff.; Aus der Geschichte des Färberhandwerks, der Kattunmanufakturen und der Textilveredlungsindustrie in Augsburg, in: Textilindustrie, Heft 13, 1956; Aus der Geschichte Augsburgs, seiner Gewerbe und Industrie, Beiträge zur Geschichte der Technik und Industrie, Band 14, 1924, S. 155ff.

Hampe, Theodor, Katalog der Gewebesammlung des germanischen Nationalmuseums Nürnberg, Nürnberg 1896.

Heiden, Max, Handwörterbuch der Textilkunde aller Zeiten und Völker, Stuttgart 1904.

Herkner, Heinrich, Die oberelsässische Baumwollindustrie und die deutsche Gewerbeordnung, Straßburg 1887.

Hoffmann, Walter G., Stadien und Typen der Industrialisierung, Jena 1931; Wachstum und Wachstumsformen der englischen Industriewirtschaft, Jena 1940;

Die Industrie in Baden im Jahre 1925, Karlsruhe 1926.

Jahn, Georg, Die Entstehung der Fabrik, in: Schmollers Jahrbuch, 69. Jahrgang, 1. u. 2. Heft, Wiesbaden 1949.

Jannasch, E., Die europäische Baumwollindustrie und deren Produktionsbedingungen mit besonderer Berücksichtigung des Oberrheins, Berlin 1882.

Jaques, Renate, Mittelalterlicher Textildruck am Rhein, Kevelaer 1950; Deutsche Textilkunst, Krefeld 1953.

Jenny-Trümpy, Adolf, Handel und Industrie des Kantons Glarus, 2. Teil, Glarus 1900.

Kahmann, Hannedore, Artikel: »Veredlungsverkehr«, in: Handwörterbuch der Sozialwissenschaften, Göttingen 1961, Band 11.

Karmarsch und Heerens, Technisches Wörterbuch, Artikel: »Zeugdruck«, Prag 1890.

Kasper, Karl, Bunter Traum auf gewebtem Grund, Berlin o. J.

Keppler, Julius, Christoph Philipp Oberkampf, in: Prometheus Nr. 683, 1902.

Kertesz, A., Die Textilindustrie sämtlicher Staaten, Braunschweig 1917.

Knoepfli, Albert, Die Sulzersche Rotfarb- u. Kattundruckerei zu Aadorf, Thurgauer Jahrbuch 1951, Kreuzlingen 1951.

Koechlin, Baumgartner & Co. 175 Jahre, Leuchtende Farben, modischer Druck, Frankfurt 1952.

König, Albin, Die sächsische Baumwollenindustrie am Ende des vorigen Jahrhunderts und während der Kontinentalsperre, Leipzig 1899.

Krengel, Rolf, Anlagevermögen, Produktion und Beschäftigung der Industrie im Gebiet der BR von 1924 bis 1956, Berlin 1958.

Krüger, Horst, Zur Geschichte der Manufakturen und der Manufakturarbeiter in Preußen, Berlin 1958.

Krünitz, J. G., Ökonomische Encyclopädie, Berlin 1775.

Kurrer, Wilhelm v., Geschichte der Zeugdruckerei, Nürnberg 1840.

Küster Stoffdrucke (1820–1951), Festschrift o. J.

Landauer, Edgar, Handel und Produktion in der Baumwollindustrie, in: Archiv für Sozialwissenschaft und Sozialpolitik, Ergänzungsheft VII, Tübingen 1912.

100 Jahre Gebrüder Laurenz, Ochtrup/Westf. (1854–1954).

Lessing, Julius, Mittelalterliche Zeugdrucke, in: Jahrbuch der Königlich preußischen Kunstsammlungen, Jahrgang 1880.

Levy, Robert, Histoire économique de l'industrie cotonnière en Alsace, Paris 1912.

Lösch, Hans-Peter, Die Textilkonjunktur im Rahmen des allgemeinen Wirtschaftsablaufs (erscheint demnächst).

Loewenthal, R., Die Färberei und Appretur nebst Bleicherei und Zeugdruck, Leipzig 1901.

Mandt, Thomas, Die Textilveredlung im Wandel der Textilkonjunktur, Textildienst der Forschungsstelle für allgemeine und textile Marktwirtschaft an der Universität Münster, Nr. 7/1959, Münster 1959; Strukturanalyse des Stoffdrucks in der BRD 1959, Münster 1960.

Mandt, Thomas, und Ruth Schillinger, Westdeutsche Stoffdruckproduktion vor neuem Anstieg? Textildienst der Forschungsstelle für allgemeine und textile Marktwirtschaft an der Universität Münster, Nr. 10/1962, Münster 1962.

Ein Band durch fünf Generationen, Festschrift Martini, o. J.

Melliand-Textilberichte, Heidelberg, verschiedene Jahrgänge (ab 1920).

Nägele, Hans, Das Textilland Vorarlberg, Dornbirn 1949.

Neue Augsburger Kattunfabrik 1702–1952, Festschrift o. J.

Neuss, Erich, Die Entwicklung des Halleschen Wirtschaftslebens vom Ausgang des 18. Jahrhunderts bis zum Weltkrieg, in: Beiträge zur mitteldeutschen Wirtschaftsgeschichte und Wirtschaftskunde II, Halberstadt 1924.

Oberbach, Elli, Das Kölner Textilgewerbe von der Wende des Mittelalters bis zum 19. Jahrhundert, Diss., Köln 1929.

OLDENBURG, FERDINAND A., Die Fabriken von Augsburg und Blicke auf die europäische Industrie und Gewerbeausstellungen, Augsburg 1850.

OPPEL, ALWIN, Die Baumwolle, Leipzig 1902.

RATH, JULIUS, Johann Heinrich Schüle und Christoph Phillipp Oberkampf, zwei Pioniere des Zeugdrucks, Melliand-Textilberichte 1942, S. 553ff., 604ff.

Reichsenquête für die Baumwoll- und Leinenindustrie, Teil 1 und 2, Berlin 1878.

REINKING, KARL, Über die älteste Beschreibung der Küpenfärberei im Papyrus Graecus Holmiensis, in: Melliand-Textilberichte 1925, S. 349ff.; Die älteste Erwähnung des Zeugdrucks in der Literatur, Melliand-Textilberichte 1926, S. 230ff.; Das Lehrbuch der Malerei von Cennini und die Tapete von Sitten, Melliand-Textilberichte 1926, S. 539ff.; Die ältesten Bücher über den Zeugdruck, I, II, III, IV, Melliand-Textilberichte 1927, S. 788ff.; 1928, S. 582ff.; 1929, S. 229f., 959f.; Die Entwicklung des Wolldrucks, in: Melliand-Textilberichte 1928, S. 64ff.; Die Entstehung der Walzendruckmaschine, Melliand-Textilberichte, S. 498ff.

REINKING, KARL, und LOUIS DRIESSEN, Die Bibliographie des Zeugdrucks von der Erfindung des Dampfdrucks bis zur Einführung der synthetischen Farbstoffe, in: Melliand-Textilberichte 1930, S. 464ff., 713, 792ff.; Die Entwicklung der Technik des Handdrucks und die Beziehungen des Zeugdrucks zum Druck auf Papier, in: Melliand-Textilberichte 1931, S. 462ff.; Über die Färberei der Pflanzenfasern im Mittelalter, Melliand-Textilberichte 1938, S. 198ff.; Le Teinturier Parfait, Melliand-Textilberichte, 1938, S. 990ff.; Über die Färberei mit Krapp vom Altertum bis zur Neuzeit, Melliand-Textilberichte 1939, S. 445ff.

REUTER, ORTULF, Die Manufaktur im fränkischen Raum. Eine Untersuchung großbetrieblicher Anfänge in den Fürstentümern Ansbach und Bayreuth, Stuttgart 1961.

RINNE, WILL, Revolutionen im Faserreich, fünf Jahrtausende Textilgeschichte, Hannover 1950.

ROGGENHOFER, GEORG, Die Entwicklung des Kattundrucks in Augsburg von ihrem Beginn bis zum Anfang dieses Jahrhunderts, in: Deutsche Färberzeitung, Nr. 14–16, München 1895.

RÖSSIG, C. G., Die Produkten-, Fabrik-, Manufaktur- und Handelskunde von Chursachsen und dessen Landen in zwey Theilen, Leipzig 1803.

ROTT, WALTER, Textilindustrie weiter in der Stagnation? Textildienst der Forschungsstelle für allgemeine und textile Marktwirtschaft an der Universität Münster, Nr. 2–3/1959, Münster 1959.

SAUR, MANFRED, Kosten- und Absatzprobleme in der deutschen Textilveredlungsindustrie, Diss., Stuttgart 1956.

SCHMIDT, K., Textildruck, Handbuch für Textilingenieure und Textilpraktiker, Krefeld 1953.

SCHMIDT, KURT, Die Batikkunst, Stuttgart 1909.

SCHMITZ-VELTIN, WILHELM, Westfälischer Blaudruck in alter und neuer Zeit, Münster 1942.

SCHORN, O. v., Die Textilkunst, Leipzig und Prag 1885.

SCHWEN, G., Die Entwicklung der Textilveredlung von der Zeit Maria-Theresias bis heute, Melliand-Textilberichte 1959, S. 51ff.

SLOKAR, JOHANN, Geschichte der österreichischen Industrie, Wien 1914.

SCHMIT, W. J., De Katoendrukkery in Nederland tot 1813, Amsterdam 1928.

Société industrielle de Mulhouse, Histoire documentaire de l'industrie de Mulhouse et de ses environs au XIXme siècle. Zwei Teile, Mulhouse 1902; Centenaire de la Société industrielle de Mulhouse 1826–1926, tome 1 u. 2.

SOMBART, WERNER, Der moderne Kapitalismus, Band 2 u. 3, 1928.
Stat. Bundesamt, Statistisches Jahrbuch für die BRD, Stuttgart 1954 u. 1961; Der Außenhandel der BRD, Teil 2, Stuttgart 1950–1962.
STRAUSS, RUDOLF, Die Lage und die Bewegung der Chemnitzer Arbeiter in der ersten Hälfte des 19. Jahrhunderts, Berlin 1960.
STÜNKEL, D., Zahlen und Bemerkungen zur Situation der deutschen Stoffdruckereien, Bonn 1960.
Tätigkeitsbericht der Fachgruppe Textilveredlungsindustrie, Berlin 1934–1942.
TAGLIANI, G., Die geschichtliche Entwicklung des Kattundrucks in Italien, in: Färberzeitung 1917, S. 99ff.
Textildienste der Forschungsstelle für allgemeine und textile Marktwirtschaft an der Universität Münster, Münster ab 1952.
THUN, ALPHONS, Die Industrie am Niederrhein und ihre Arbeiter, Teil 1 u. 2, Leipzig 1879.
TRAUPEL, R., Schweizerische Zeugdruckereien, in: Ciba-Rundschau, Basel 1951, Nr. 97.
TURNBULL, J. GEOFREY, A History of the Calico Printing Industry of Great Britain, Altringham 1951.
Van Vlissingen & Co's Gedenkboek, 1846–1946, Helmond 1946.
VOLBACH, WOLFGANG FRITZ, Das christliche Kunstgewerbe der Spätantike und des frühen Mittelalters im Mittelmeergebiet, in: BOSSERT, TH., Geschichte des Kunstgewerbes, Band 5, Berlin 1928–1935.
Württembergische Cattunmanufactur Heidenheim, Geschäftsberichte 1947–1960.
ZORN, WOLFGANG, Handel und Industrie vom Ende des dreißigjährigen Krieges bis 1848, in: Augusta 955–1955, Augsburg 1955.

FORSCHUNGSBERICHTE DES LANDES NORDRHEIN-WESTFALEN

Herausgegeben im Auftrage des Ministerpräsidenten Dr. Franz Meyers
von Staatssekretär Prof. Dr. h. c. Dr.-Ing. E. h. Leo Brandt

WIRTSCHAFTSWISSENSCHAFTEN

HEFT 124
Prof. Dr. Rudolf Seyffert, Köln
Wege und Kosten der Distribution der Hausratwaren im Lande Nordrhein-Westfalen
1955. 60 Seiten, 24 Tabellen. Vergriffen

HEFT 217
Rationalisierungs-Kuratorium der deutschen Wirtschaft (RKW), Frankfurt/Main
Typenvielzahl bei Haushaltgeräten und Möglichkeiten einer Beschränkung
1956. 314 Seiten, 2 Abb., zahlreiche Tabellen. DM 49,50

HEFT 222
Dr. rer. pol. L. Köllner und Dipl.-Volkswirt M. Kaiser, Forschungsstelle für allgemeine und textile Marktwirtschaft an der Universität Münster
Direktor: Prof. Dr. rer. pol. H. Jecht
Die internationale Wettbewerbsfähigkeit der westdeutschen Wollindustrie
1956. 200 Seiten, 5 Abb. DM 39,50

HEFT 288
Dr. phil. Kurt Brücker-Steinkuhl, Düsseldorf
Anwendung mathematisch-statischer Verfahren in der Industrie
1956. 103 Seiten, 28 Abb., 14 Tabellen. Vergriffen

HEFT 323
Prof. Dr. Rudolf Seyffert, Köln
Wege und Kosten der Distribution der Textil-, Schuh- und Lederwaren
1956. 86 Seiten, 38 Tabellen. DM 12,—

HEFT 353
Forschungsinstitut für Rationalisierung, Aachen
Schlagwortregister zur Rationalisierung
1957. 366 Seiten. Vergriffen

HEFT 364
Prof. Dr. Theodor Beste, Direktor des Industrieseminars der Universität Köln
Die Mehrkosten bei der Herstellung ungängiger Erzeugnisse im Vergleich zur Herstellung vereinheitlichter Erzeugnisse
1957. 342 Seiten. Vergriffen

HEFT 365
Prof. Dr. Gunther Ipsen, Dr. W. Christaller, Dr. W. Köttmann und Dr. R. Mackensen, Sozialforschungsstelle an der Universität Münster, Dortmund
Standort und Wohnort. Ökologische Studien
1957. Textband: 350 Seiten, 28 Karten, 73 Tabellen.
Anlageband: 15 Karten, 21 Tabellen. Vergriffen

HEFT 437
Dr. Ingeborg Meyer, Finanzwissenschaftliches Forschungsinstitut an der Universität Köln
Geldwertbewußtsein und Münzpolitik. – Das sogenannte Gresham'sche Gesetz im Lichte der Verhaltensforschung
1957. 79 Seiten. DM 20,30

HEFT 451
Prof. Dr. Günter Schmölders, Finanzwissenschaftliches Forschungsinstitut an der Universität Köln
Rationalisierung und Steuersystem
1957. 65 Seiten. DM 17,15

HEFT 469
Dr. sc. agr. Fritz Riemann und Dipl.-Volksw. Rolf Hengstenberg, Agrarsoziale Gesellschaft e.V., Göttingen
Zur Industrialisierung kleinbäuerlicher Räume
1957. 115 Seiten, 5 Karten, 23 Tabellen. DM 27,—

HEFT 477
Sozialforschungsstelle an der Universität Münster, Dortmund
Beiträge zur Soziologie der Gemeinden. Teil I:
Dr. phil. Kurt Utermann
Freizeitprobleme bei der männlichen Jugend einer Zechengemeinde
1957. 44 Seiten. DM 12,75

HEFT 563
Sozialforschungsstelle an der Universität Münster, Dortmund
Beiträge zur Soziologie der Gemeinde im Ruhrgebiet II
Dr. Dietrich von Oppen
Familien in ihrer Umwelt
Äußere Bindungen von Familien im Prozeß der der industriellen Verstädterung einer Zechengemeinde
1958. 104 Seiten. DM 26,10

HEFT 564
Sozialforschungsstelle an der Universität Münster, Dortmund
Beiträge zur Soziologie der Gemeinde im Ruhrgebiet III
Dr. H. Croon
Die gesellschaftlichen Auswirkungen des Gemeindewahlrechtes in den Gemeinden und Kreisen des Rheinlandes und Westfalens im 19. Jahrhundert
1960. 87 Seiten. DM 22,20

HEFT 565
Sozialforschungsstelle an der Universität Münster, Dortmund
Beiträge zur Soziologie der Gemeinde im Ruhrgebiet IV
Dr. K. Hahn
Die kommende Neuordnung des Ruhrgebiets, dargestellt am Beispiel Dortmunds, für die Veröffentlichung bearbeitet von *Dr. Rainer Mackensen*
1958. 153 Seiten, 14 Karten. Vergriffen

HEFT 566
Sozialforschungsstelle an der Universität Münster, Dortmund
Abt. Prof. Dr. G. Ipsen
Dr. Helmut Klages
Der Nachbarschaftsgedanke und die nachbarliche Wirklichkeit in der Großstadt
1958. 256 Seiten, 26 Tabellen, 1 Faltkarte. Vergriffen

HEFT 572
Dipl.-Kfm. Dipl.-Volksw. Dr. Jean-Baptiste Felten, Energiewirtschaftliches Institut an der Universität Köln
Direktor: Prof. Dr. Theodor Wessels
Wert und Bewertung ganzer Unternehmungen unter besonderer Berücksichtigung der Energiewirtschaft
1958. 144 Seiten. DM 33,60

HEFT 591
Dr. Reinhold Schairer
Aufgabe, Struktur und Entwicklung der Stiftungen
1958. 49 Seiten. DM 16,40

HEFT 592
Verein zur Förderung des Forschungsinstituts für Rationalisierung an der Rhein.-Westf. Technischen Hochschule Aachen
Das Forschungsinstitut für Rationalisierung an der Rhein.-Westf. Technischen Hochschule Aachen
1959. 73 Seiten, 33 Abb. DM 20,—

HEFT 601
Werner Baho und Ekkehard Stiller
Die Lage des technisch-wissenschaftlichen Nachwuchses und der technisch-wissenschaftlichen Hochschulen in der Bundesrepublik
1958. 32 Seiten. DM 8,80

HEFT 602
Hans von Stebut, Köln
Die Hochschulen in der Aufwärtsentwicklung Westdeutschlands
1958. 37 Seiten. DM 10,20

HEFT 604
Dipl.-Ing. Helmut Göttrup, aus den Arbeiten des Forschungsinstituts für Rationalisierung an der Rhein.-Westf. Technischen Hochschule Aachen
Direktor: Prof. Dr.-Ing. Joseph Mathieu
Studienanalyse halbautomatischer Dokumentationsselektoren
1958. 112 Seiten, 50 Abb., 12 Tabellen. DM 28,50

HEFT 607
Dr. Hyronimus Schlachter, Forschungsstelle für allgemeine und textile Marktwirtschaft an der Universität Münster
Direktor: Prof. Dr. rer. pol. H. Jecht
Die Wettbewerbslage der westdeutschen Juteindustrie
1958. 135 Seiten, 35 Tabellen. DM 32,—

HEFT 624
Finanzwissenschaftliches Forschungsinstitut an der Universität Köln
Direktor: Prof. Dr. Günter Schmölders
Progression und Regression
1958. 69 Seiten, 4 Abb., 3 Tabellen. DM 17,40

HEFT 636
Prof. Dr.-Ing. Joseph Mathieu und Dr. phil. Sigrid Barlen, Forschungsinstitut für Rationalisierung an der Rhein.-Westf. Technischen Hochschule Aachen
Richtwerte für Zeitaufwand und Kosten von Dokumentationsarbeiten
1958. 54 Seiten. Vergriffen

HEFT 641
Prof. Dr.-Ing. Joseph Mathieu und Dr. phil. Max Gnielinski, Forschungsinstitut für Rationalisierung an der Rhein.-Westf. Technischen Hochschule Aachen
Die industrielle Produktivität in neuerer Sicht
1958. 131 Seiten, 16 Abb., 29 Tabellen. DM 31,70

HEFT 650
Dr. phil. nat. Hermann A. Elsner
Aufbau einer Fachdokumentation aus vorhandenen Referatdiensten
1958. 53 Seiten, 1 Abb., 2 Tabellen. Vergriffen

HEFT 658
Dipl.-Kaufm. Dr. Hans Grupe, Energiewirtschaftliches Institut an der Universität Köln
Public Relations in der öffentlichen Energieversorgung
1958. 48 Seiten. DM 12,25

HEFT 677
Dr. sc. agr. Fritz Riemann, Dipl.-Volksw. Rolf Hengstenberg und Dipl.-Ldw. Günter Bunge, Agrarsoziale Gesellschaft e. V., Göttingen
Der ländliche Raum als Standort industrieller Fertigung
1959. 195 Seiten, zahlreiche Tabellen. DM 46,49

HEFT 678
Dipl.-Volksw. Dr. Otto Blume, Dipl.-Volksw. Ingrid Heidermann und Dipl.-Handelslehrer Dr. Elfriede Kuhlmeyer, Institut für Selbsthilfe e. V., Köln
Direktor: Prof. Dr. G. Weiser
Wirtschaftsorganisatorische Wege zum gemeinsamen Eigentum und zur gemeinsamen Verantwortung der Arbeitnehmer
1959. 403 Seiten. DM 60,—

HEFT 715
Dr. Erich Wedekind, Krefeld
Die Auftragsplanung und Arbeitsplanung in gewerblichen Wäschereien
1959. 116 Seiten, 25 Abb. DM 29,50

HEFT 721
Ferdinand-Ernst Nord, Köln
Der Stifterverband für die Deutsche Wissenschaft und die Begabtenförderung an den wissenschaftlichen Hochschulen
1959. 30 Seiten. DM 8,40

HEFT 729
Forschungsinstitut für Internationale Technische Zusammenarbeit an der Rhein.-Westf. Technischen Hochschule Aachen
Wirtschaftliche, technische und soziale Probleme im neuen Indien. Vorträge zur Eröffnung der Deutsch-Indischen Ausstellung in Aachen am 14. November 1958
1959. 95 Seiten, 28 Abb. Vergriffen

HEFT 751
Prof. Dr. Dr. h. c. Rudolf Seyffert, Institut für Handelsforschung an der Universität Köln
Wege und Kosten der Distribution der Konsumwaren, ausgenommen Lebensmittel, Hausrat-, Textil-, Schuh- und Lederwaren
1959. 103 Seiten, 29 Tabellen. DM 14,—

HEFT 758
Forschungsinstitut für Internationale Technische Zusammenarbeit an der Rhein.-Westf. Technischen Hochschule Aachen
Prof. Dr. Antonio Pinilla Sanchez-Concha
Über den Begriff der industriellen Arbeit
Labour Relations and Human Relations
1959. 15 Seiten. DM 5,40

HEFT 766
Forschungsinstitut für Internationale Technische Zusammenarbeit an der Rhein.-Westf. Technischen Hochschule Aachen
Dr.-Ing. Will Grosse
Internationale Organisationen der Naturwissenschaften und Technik und ihre Zusammenarbeit. Teil I
Welt-Gremien, Spitzenverbände und zwischenstaatliche Initiative
1959. 69 Seiten, 5 Tabellen. DM 22,10

HEFT 767
Forschungsinstitut für Internationale Technische Zusammenarbeit an der Rhein.-Westf. Technischen Hochschule Aachen
Dr.-Ing. Will Grosse
Internationale Organisationen der Naturwissenschaft und Technik und ihre Zusammenarbeit. TEIL II
Internationale Fachvereinigungen und verwandte Fachgebiete. Klassische und Kernenergie. Sonstige Fachgebiete und -organisationen
1960. 74 Seiten, 2 Tabellen. DM 18,80

HEFT 769
Forschungsinstitut für Internationale Technische Zusammenarbeit an der Rhein.-Westf. Technischen Hochschule Aachen
Dr. jur. Philipp Schmidt Schlegel
Die Gutachten der 1956/57 nach Bolivien entsandten deutschen Sachverständigen und ihre Auswertung
1959. 265 Seiten, 32 Abb., zahlreiche Tabellen. DM 55,—

HEFT 776
Dr. Otto Neuloh und Dr. Herbert Wiedemann, Sozialforschungsstelle an der Universität Münster, Dortmund
Arbeiter und technischer Fortschritt. Untersuchungen in der nordrhein-westfälischen Metallindustrie über die Anforderungselemente technischer Neuerungen und die Reaktion der Arbeiter
1960. 282 Seiten, 11 Abb., 52 Tabellen. DM 52,—

HEFT 778
Dr. phil. Max Gnielinski, Forschungsinstitut für Rationalisierung an der Rhein.-Westf. Technischen Hochschule Aachen
Zur Einführung der Statistischen Qualitätskontrolle in Mittel- und Kleinbetrieben, Vorschläge und Hilfsmittel
1959. 36 Seiten. DM 10,—

HEFT 789
Dr. Bert Kobusch, Energiewirtschaftliches Institut an der Universität Köln
Die Wettbewerbsstellung des Heizöls in der westdeutschen Energiewirtschaft
1960. 182 Seiten, zahlreiche Tabellen. DM 44,60

HEFT 793
Dipl.-Ing. Walter Rohmert, Max-Planck-Institut für Arbeitsphysiologie, Dortmund
Statische Belastung bei gewerblicher Arbeit
Dr. med. Dr. phil. Gerd Jansen, Max-Planck-Institut für Arbeitsphysiologie, Dortmund
Grundsätzliche Bemerkungen über die experimentelle Lärmforschung
1959. 76 Seiten, 34 Abb., 18 Tabellen. DM 22,40

HEFT 795
Forschungsinstitut für Internationale Technische Zusammenarbeit an der Rhein.-Westf. Technischen Hochschule Aachen
Rüdiger von Tresckow
Versuch einer Darstellung des Strukturwandels und des Konjunkturverlaufs in der Weltmaschinenausfuhr in die Entwicklungsländer
1959. 67 Seiten, 20 Abb., mehrere Tabellen. DM 17,60

HEFT 805
Forschungsinstitut für Internationale Technische Zusammenarbeit an der Rhein.-Westf. Technischen Hochschule Aachen
Hans Seligo
Der zweite Portugiesische Sechsjahresplan
1959. 150 Seiten, 20 Tabellen. DM 37,80

HEFT 813
Forschungsinstitut für Internationale Technische Zusammenarbeit an der Rhein.-Westf. Technischen Hochschule Aachen
Dipl.-Ldw. Carl-Theodor Hinrichs
Die Landwirtschaft und Tierzucht Boliviens
1959. 100 Seiten, 14 Anlagen. DM 26,70

HEFT 819
Dipl.-Volksw. Dr. Heinz Hubert Kaup, Forschungsstelle für allgemeine und textile Marktwirtschaft an der Universität Münster
Einkommen und Textilverbrauch
1960. 92 Seiten, 20 Tabellen. DM 23,20

HEFT 827
Dr.-Ing. Egon Sattler, Verband Deutscher Streichgarnspinner, Düsseldorf
Disposition mit Arbeitsvorbereitung und Vertriebsvorbereitung in der einstufigen (Verkaufs-) Streichgarnspinnerei
1960. 60 Seiten, 5 Anlagen. DM 15,90

HEFT 828
Verband der deutschen Tuch- und Kleiderindustrie e. V., Köln, in Zusammenarbeit mit dem Ausschuß für wirtschaftliche Fertigung e. V., Düsseldorf
Disposition mit Arbeits- und Vertriebsvorbereitung in der Tuch- und Kleiderstoffindustrie
1960. 67 Seiten, 8 Anlagen. DM 17,90

HEFT 838
Forschungsinstitut für Internationale Technische Zusammenarbeit an der Rhein.-Westf. Technischen Hochschule Aachen
Dipl.-Ldw. Carl-Theodor Hinrichs
Die Landwirtschaft und Viehzucht Tunesiens
1960. 69 Seiten, 4 Abb., 1 Karte. DM 21,10

HEFT 854
Prof. Dr.-Ing. Joseph Mathieu und Dipl.-Ing. Franz Hildebrandt, Forschungsinstitut für Rationalisierung Aachen
Beitrag zur Verbesserung der Arbeitswirksamkeit in Konstruktionsbüros
1960. 63 Seiten, 14 Abb. DM 17,10

HEFT 870
Forschungsinstitut für Internationale Technische Zusammenarbeit an der Rhein.-Westf. Technischen Hochschule Aachen
Dipl.-Phys. Manfred Siebker
Die Möglichkeiten der Atomkerntechnik für die beschleunigte wirtschaftliche Entfaltung von Entwicklungsländern
1960. 174 Seiten, 38 Abb., 20 Tabellen. DM 43,30

HEFT 874
Dr. rer. pol. Erich Wedekind und Textil-Ing. Hartmut Kokerbeck, Krefeld
Untersuchungen über rationelle Arbeitsweisen bei Preß- und Bügelvorgängen in Chemisch-Reinigungsbetrieben
1960. 102 Seiten, 17 Abb., zahlreiche Tabellen. DM 26,50

HEFT 877
Finanzwissenschaftliches Forschungsinstitut an der Universität Köln
Direktor: Prof. Dr. Günter Schmölders
Steuern und Staatsausgaben in der öffentlichen Meinung der Bundesrepublik
1960. 80 Seiten, zahlreiche Tabellen. DM 20,20

HEFT 878
Dr. Heiner Boehme, Finanzwissenschaftliches Forschungsinstitut an der Universität Köln
Direktor: Prof. Dr. Günter Schmölders
Geldwertbewußtsein und Sparerverhalten
1960. 119 Seiten, zahlreiche Tabellen. DM 29,70

HEFT 886
Forschungsinstitut für Internationale Technische Zusammenarbeit an der Rhein.-Westf. Technischen Hochschule Aachen
Dipl.-Kfm. Dr. Hans Evers
Probleme der Regionalplanung in den Entwicklungsländern. Teil I
1960. 112 Seiten. DM 28,—

HEFT 907
Univ.-Prof. Dr. Dr. Hans Bayer, Sozialakademie Dortmund
Das Unternehmen als Wirtschaftsstabilisator. – I. Das Großunternehmen
1960. 154 Seiten, mehrere Anhänge. Vergriffen

HEFT 909
Dipl.-Volksw. Dr. Alfred Plitzko, Institut für Wirtschaftswissenschaften der Rhein.-Westf. Technischen Hochschule Aachen
Bemerkungen zu den Wettbewerbsbedingungen zwischen Kohle und Erdöl
1960. 76 Seiten, 3 Abb., 36 Tabellen. DM 20,60

HEFT 911
Dr. Hannedore Kahmann und Dipl.-Volksw. Renate Papke, Forschungsstelle für allgemeine und textile Marktwirtschaft an der Universität Münster
Langfristige Strukturwandlungen und Anpassungsprozesse der britischen Baumwollindustrie unter dem Einfluß der Industrialisierung in Indien und anderen asiatischen Ländern
1960. 120 Seiten, 38 Tabellen. DM 31,20

HEFT 936
Forschungsinstitut für Internationale Technische Zusammenarbeit an der Rhein.-Westf. Technischen Hochschule Aachen
Chang Tsungtung, B. A. in Economics
Die Entwicklung der festlandchinesischen Landwirtschaft aus der Sicht der chinesischen Regierung
1961. 119 Seiten, 2 Abb., 13 Tabellen. DM 39,30

HEFT 942
Dr. Gerhard Scherhorn, Forschungsstelle für Empirische Sozialökonomik, Köln-Lindenthal
Prof. Dr. Günter Schmölders
Methodologische Grundlagen der sozialökonomischen Verhaltensforschung
1961. 185 Seiten. DM 47,40

HEFT 946
Prof. Dr. Klaus v. Wysocki, Münster
Öffentliche Finanzierungshilfen
1961. 297 Seiten, 2 Abb. DM 58,—

HEFT 959
Dr. Herbert Gülicher, Institut für Industriewirtschaftliche Forschung der Universität Münster
Ein einfaches ökonometrisches Dezisionsmodell zur Beurteilung der quantitativen Auswirkungen einiger wirtschaftspolitischer Maßnahmen für die Bundesrepublik Deutschland
1961. 175 Seiten, 17 Anh., 15 Abb., 30 Tabellen. DM 45,40

HEFT 980
Dipl.-Volksw. Jürgen Kraft, Agrarsoziale Gesellschaft e. V., Göttingen
Die erforderliche Grundausrüstung ländlicher Räume
1961. 227 Seiten, 156 Tabellen. DM 49,50

HEFT 1012
Dr. rer. pol. Theo Beckermann und Dipl.-Kfm. Meinolf Wulff, Rhein.-Westf. Institut für Wirtschaftsforschung Essen
Entwicklung und Situation des Baumarktes
1961. 121 Seiten, 5 Abb., 10 Tabellen. DM 34,10

HEFT 1021
Forschungsinstitut für Internationale Technische Zusammenarbeit an der Rhein.-Westf. Technischen Hochschule Aachen
Dr. agr. Ulrich Planck, Institut für Agrarpolitik und Sozialökonomik des Landbaus an der Landwirtschaftlichen Hochschule Stuttgart
Die sozialen und ökonomischen Verhältnisse in einem iranischen Dorf
1962. 135 Seiten, 20 Abb. DM 41,40

HEFT 1022
Forschungsinstitut für Internationale Technische Zusammenarbeit an der Rhein.-Westf. Technischen Hochschule Aachen
Friedrich Hackemann
Die Bodenuntersuchung und ihre Methoden in Brasilien
1962. 133 Seiten, zahlr. Tabellen, 1 Falttafel. DM 42,40

HEFT 1023
Forschungsinstitut für Internationale Technische Zusammenarbeit an der Rhein.-Westf. Technischen Hochschule Aachen
Prof. Dr.-Ing. Alfred Buch
Grundsätze für die Generalplanung eines Landes, dargestellt am Beispiel Tunesiens
1961. 56 Seiten, 8 Abb. DM 20,20

HEFT 1024
cand. math. Heinz Ismar, Dipl.-Volksw. Günther Lange und cand. rer. pol. Hildur v. Schweinitz, Institut für Gesellschafts- und Wirtschaftswissenschaften der Universität Bonn
Prof. Dr. Wilhelm Krelle
Die Konsum- und Investitionsfunktion – Untersuchung für die Bundesrepublik Deutschland
1962. 419 Seiten, 51 Abb., 95 Tabellen. DM 76,—

HEFT 1025
Forschungsinstitut für Internationale Technische Zusammenarbeit an der Rhein.-Westf. Technischen Hochschule Aachen
Dr. jur. Abbas Hilmi Al-Hilli
Grundlagen, Stand und Entwicklungsmöglichkeiten der Wirtschaft in Libyen
1961. 222 Seiten, 5 Tafeln, 1 Faltkarte. Vergriffen

HEFT 1036
Dipl.-Kfm. Dr. Eduard Terrahe, Forschungsstelle für allgemeine und textile Marktwirtschaft an der Universität Münster
Möglichkeiten und Grenzen einer Rationalisierung und Automatisierung in der westdeutschen Baumwollrohweberei
Ein Beitrag zur Beurteilung ihrer Wettbewerbsfähigkeit gegenüber USA, Japan und Indien
1961. 231 Seiten, 5 Abb., 52 Tabellen. DM 49,—

HEFT 1055
Prof. Dr. Karl Gustav Specht, Dipl.-Volksw. Dr. Norbert J. Lenort und Dipl.-Volksw. Klaus Otto, Köln
Das Verhältnis zwischen primären und sekundären Erwerbszweigen und seine Bedeutung für Wirtschaftspolitik und Landesplanung, dargestellt an Beispielen aus dem Lande Nordrhein-Westfalen
1962. 300 Seiten, 158 Tabellen. DM 49,—

HEFT 1069
Dipl.-Volksw. Dr. Wolfgang Rothe, Forschungsstelle für allgemeine und textile Marktwirtschaft an der Universität Münster
Internationaler Preis- und Kaufkraftvergleich für Bekleidung in Ländern des gemeinsamen Marktes und der Freihandelszone
1962. 226 Seiten, zahlreiche Tabellen. DM 43,—

HEFT 1071
Forschungsinstitut für Internationale Technische Zusammenarbeit an der Rhein.-Westf. Technischen Hochschule Aachen
Dipl.-Kfm. Dr. rer. pol. Hans Evers
Die Entwicklungsgebiete im Rahmen der OEEC und ihre Förderung
1962. 152 Seiten, 47 Tabellen. DM 58,80

HEFT 1075
Dr. rer. pol. Paul Wiel, Rhein.-Westf. Institut für Wirtschaftsforschung, Essen
Agglomerations- und Dezentralisationstendenzen der nordrhein-westfälischen Wirtschaft seit der Vorkriegszeit
1962. 72 Seiten, zahlreiche Tabellen. DM 31,50

HEFT 1078
Forschungsinstitut für Internationale Technische Zusammenarbeit an der Rhein.-Westf. Technischen Hochschule Aachen
Dipl.-Ldw. Dr. agr. Johannes-Hermann Gwildis
Die genossenschaftliche Landbewirtschaftung im Staate Bombay unter besonderer Berücksichtigung der Landbewirtschaftungs-Genossenschaften in vier Distrikten des Deccan
1962. 186 Seiten, 7 Abb., 58 Tabellen. DM 68,—

HEFT 1115
Dipl.-Volksw. Dr. Wilhelm Kurth, Forschungsstelle für allgemeine und textile Marktwirtschaft an der Universität Münster
Vermögensbestand und Kapitalbedarf in einigen Zweigen der Textilindustrie
1962. 146 Seiten, 10 Abb., 33 Tabellen. DM 52,—

HEFT 1121
Forschungsinstitut für Internationale Technische Zusammenarbeit an der Rhein.-Westf. Technischen Hochschule Aachen
Dr. phil. Markus Timmler
Die wirtschaftliche Bedeutung der panafrikanischen Konferenzen
Accra, Tunis, Addis Abeba, Tanger
1962. 55 Seiten. DM 19,80

HEFT 1159
Dipl.-Kfm. Hermann Ohse, Industrieseminar der Universität Köln
Wirtschaftliche Probleme industrieller Sortenfertigung
1. Band Teil 1, 2, 3 bis Seite 544, 2. Band Teil 3, Seite 545 bis 1104
1963, 1104 Seiten, 88 Abb., zahlreiche Tabellen. DM 196,—

HEFT 1173
Univ.-Prof. Dr. Dr. Hans Bayer, Sozialakademie Dortmund
Das mittlere personengeprägte Unternehmen als Wirtschaftsstabilisator
1963. 272 Seiten, 4 Tabellen. Vergriffen

HEFT 1179
Dipl.-Volksw. Dr. sc. pol. Jürgen Westphalen, Forschungsinstitut für Internationale Technische Zusammenarbeit an der Rhein.-Westf. Technischen Hochschule Aachen
Die Erdölindustrie in Bolivien und ihre wachsende Bedeutung für die bolivianische Volkswirtschaft
1963. 136 Seiten, 14 Abb., 30 Tabellen. DM 56,—

HEFT 1195
Prof. Dr. W. C. Hoffmann, Institut für industriewirtschaftliche Forschung der Universität Münster
Studien zur wirtschaftlichen Verfahrensforschung Operation Research
1964. 138 Seiten, 22 Abb., 35 Tabellen. DM 56,—

HEFT 1196
Prof. Dr. habil. Karlrobert Ringel, Institut für Außenwirtschaft der Universität Köln
Exportmarktforschung als Informationsaufgabe
1963. 117 Seiten. DM 32,—

HEFT 1222
Dipl.-Ldw. Dipl.-Volksw. Wilhelm Scheper, Institut für Gesellschafts- und Wirtschaftswissenschaften der Universität Bonn
Leiter: Prof. Dr. Wilhelm Krelle
Die Getreidenachfrage für menschliche Ernährung in der Bundesrepublik Deutschland
1963. 114 Seiten, 20 Abb., 31 Tabellen. DM 52,—

HEFT 1223
Dipl.-Volksw. Jürgen Siebke, Institut für Gesellschafts- und Wirtschaftswissenschaften der Universität Bonn
Leiter: Prof. Dr. Wilhelm Krelle
Die Automobilnachfrage. Die Nachfrage nach Personenkraftwagen in der Bundesrepublik Deutschland mit einer Prognose bis zum Jahre 1970
1963. 99 Seiten, 13 Übers., 13 Tabellen. DM 41,50

HEFT 1224
Dipl.-Volksw. Uwe Jönck, Institut für Gesellschafts- und Wirtschaftswissenschaften der Universität Bonn
Leiter: Prof. Dr. Wilhelm Krelle
Die Entwicklung des Stromverbrauchs in der Bundesrepublik Deutschland bis zum Jahre 1970
1963. 103 Seiten, 37 Abb., 36 Tabellen. DM 48,—

HEFT 1225
Prof. Dr.-Ing. Joseph Mathieu, Dipl.-Ing. Johannes Georg Endter und Dr. phil. Carl Alexander Roos, Forschungsinstitut für Rationalisierung an der Rhein.-Westf. Technischen Hochschule Aachen
Der Ingenieur im industriellen Vertrieb
1963. 100 Seiten, 2 Abb., 49 Tabellen. DM 39,40

HEFT 1231
Dr.-Ing. Klaus-Günter Wendt, Forschungsinstitut für Rationalisierung an der Rhein.-Westf. Technischen Hochschule Aachen
Leiter: Prof. Dr.-Ing. Joseph Mathieu
Möglichkeiten und Grenzen der Ermittlung von fertigungstechnischen Kennzahlen und Richtwerten, erörtert am Beispiel der Zahnradherstellung
1964. 141 Seiten, zahlr. Tabellen. DM 62,—

HEFT 1232
Dr.-Ing. Friedrich Tübergen, Forschungsinstitut für Rationalisierung an der Rhein.-Westf. Technischen Hochschule Aachen
Leiter: Prof. Dr.-Ing. Joseph Mathieu
Untersuchung über Möglichkeiten zur Berücksichtigung unterschiedlicher Erzeugnisqualitäten bei der Produktivitätsmessung. Erläutert am Beispiel einer spanabhebenden, feinmechanischen Fertigung
1963. 76 Seiten, 14 Tafeln. DM 29,—

HEFT 1233
Dr.-Ing. Joachim P. Rockstuhl, Forschungsinstitut für Rationalisierung an der Rhein.-Westf. Technischen Hochschule Aachen
Direktor: Prof. Dr.-Ing. Joseph Mathieu
Untersuchung über Möglichkeiten einer verursachungsgerechten Zuordnung der im betrieblichen Fertigungsablauf entstehenden Kosten, insbesondere der Restgemeinkosten
1963 80 Seiten, 3 Abb., 10 Tabellen. DM 31,—

HEFT 1234
Dipl.-Volksw. Dr. Klaus Hoffarth, Forschungsstelle für allgemeine und textile Marktwirtschaft an der Universität Münster
Lagerhaltung und Konjunkturverlauf in der Textilwirtschaft
1963. 127 Seiten, 35 Abb., 18 Tabellen. DM 52,—

HEFT 1238
Forschungsinstitut für Internationale Technische Zusammenarbeit an der Rhein.-Westf. Technischen Hochschule Aachen
Dr. phil. habil. Rolf Herzog
Seßhaftwerden von Nomaden – Geschichte, gegenwärtiger Stand eines wirtschaftlichen wie soziologischen Prozesses und Möglichkeiten der sinnvollen technischen Unterstützung
1963. 207 Seiten. DM 64,—

HEFT 1248
Dipl.-Volksw. Carl Heinz Tretner, Finanzwissenschaftliches Forschungsinstitut an der Universität Köln
Direktor: Prof. Dr. Günter Schmölders
Wettbewerbsneutrale Gewinnbesteuerung
1963, 97 Seiten. DM 30,—

HEFT 1250
Dr. Friedrich Walter, Lehrbeauftragter für Regionale Statistik an der Universität Münster
Regionale Wirtschaftsstatistik nach Betrieben, ihre kartographische Auswertung und deren Bedeutung
In Vorbereitung

HEFT 1252
Forschungsinstitut für Internationale Technische Zusammenarbeit an der Rhein.-Westf. Technischen Hochschule Aachen
Prof. Dr.-Ing. Franz Heske
Erkenntnisse und Erfahrungen zur forstlichen Bodenbenutzung der Entwicklungsländer
I. Äthiopien
In Vorbereitung

HEFT 1255
Prof. Dr. Dr. h. c. Rudolf Seyffert, Institut für Handelsforschung an der Universität Köln
Wege und Kosten der Distribution der Erzeugnisse der Ernährunginduslrie
1963. 87 Seiten, 33 Tabellen. DM 16,—

HEFT 1280
Forschungsinstitut für Internationale Technische Zusammenarbeit an der Rhein.-Westf. Technischen Hochschule Aachen
Dr. rer. pol. Chang Tsungtung
Die chinesische Volkswirtschaft. Grundlagen – Organisation – Planung
In Vorbereitung

HEFT 1311
Dr. Josef Ziranka, Institut für Siedlungs- und Wohnungswesen der Westf. Wilhelms-Universität Münster
Direktor: Prof. Dr. H. J. Seraphim
Die Auswirkungen von Zechenstillegungen und Rationalisierungen im Steinkohlenbergbau auf die Wirtschaftsstruktur ausgewählter Gemeinden im niederrheinisch-westfälischen Industriegebiet
1964. 155 Seiten, zahlreiche Abb. und Tabellen. DM 68,—

HEFT 1326
Dr. jur. Klaus Mäding, Institut für Außenwirtschaft an der Universität Köln
Wirtschaftswachstum und Kulturwandel in Hongkong. Ein Beitrag zur Wirtschafts- und Sozialpsychologie der Hongkong-Chinesen
1964. 76 Seiten. DM 23,40

HEFT 1327
Dr. Jürgen Kraft und Dr. Heinrich Rosenbaum, Agrarsoziale Gesellschaft e. V., Göttingen
Die erforderliche Grundausrüstung ländlicher Räume.
II. Teil *1964. 144 Seiten, 26 Tabellen. DM 56,50*

HEFT 1328
Dipl.-Volksw. Rainer Thoos, Institut für Volkswirtschaft der Wirtschaftshochschule, Mannheim
Die Standorte der westdeutschen Papierindustrie. Ein Programmierungsmodell
In Vorbereitung

HEFT 1358
Dr. Gerhard Scherhorn, Forschungsstelle für empirische Sozialökonomik, Köln
Prof. Dr. Günter Schmölders
Die Information des Käufers
Empirische Analyse der Markttransparenz
1964. 86 Seiten. DM 26,50

HEFT 1359
Prof. Dr. Dr. h. c. Theodor Beste und Dipl.-Kfm. Dr. Herbert Schulte, Industrieseminar der Universität Köln
Kapitalfreisetzung durch rationelle Lagerhaltung in industriellen Unternehmen
In Vorbereitung

HEFT 1372
Dipl.-Volksw. Dr. Klaus Herzog, Forschungsstelle für allgemeine und textile Marktwirtschaft an der Universität Münster
Das Verhältnis von ein- und mehrstufigen Unternehmungen in einzelnen Branchen der Textilindustrie

HEFT 1373
Dipl.-Kfm. Heinz-Dieter Hessler, Finanzwissenschaftliches Forschungsinstitut an der Universität Köln
Direktor: Prof. Dr. Günter Schmölders
Gegenwartsprobleme staatlicher Anleihepolitik
In Vorbereitung

HEFT 1378
Rhein.-Westf. Institut für Wirtschaftsforschung, Essen
Öffentliche Hand und Baumarkt. – Voraussetzungen und Möglichkeiten einer Koordinierung
1964. 56 Seiten, 3 Schaubilder, 1 Tabelle. DM 19,50

HEFT 1404
Dipl.-Volksw. Dr. Ruth Schillinger, Forschungsstelle für allgemeine und textile Marktwirtschaft an der Universität Münster
Leiter: Prof. Dr. W. G. Hoffmann
Die wirtschaftliche Entwicklung des Stoffdrucks – Langfristige Tendenzen und kurzfristige Einflüsse –

HEFT 1459
Elke Maria Kätsch, Sozialforschungsstelle an der Universität Münster, Dortmund
Langfristige Bestimmungsgründe für die Erwerbstätigkeit verheirateter Frauen
In Vorbereitung

HEFT 1460
Siegfried Kätsch, Sozialforschungsstelle an der Universität Münster, Dortmund
Teilstrukturen sozialer Differenzierung und Nivellierung in einer westdeutschen Mittelstadt. Aufwandsnormen und Einkommensverwendung in ihrer sozialen Schichtung
In Vorbereitung

Verzeichnisse der Forschungsberichte aus folgenden Gebieten können beim Verlag angefordert werden:

Acetylen/Schweißtechnik – Arbeitswissenschaft – Bau/Steine/Erden – Bergbau – Biologie – Chemie – Eisenverarbeitende Industrie – Elektrotechnik/Optik – Energiewirtschaft – Fahrzeugbau/Gasmotoren – Farbe/Papier/Photographie – Fertigung – Funktechnik/Astronomie – Gaswirtschaft – Holzbearbeitung – Hüttenwesen/Werkstoffkunde – Kunststoffe – Luftfahrt/Flugwissenschaften – Luftreinhaltung – Maschinenbau – Mathematik – Medizin/Pharmakologie/NE-Metalle – Physik – Rationalisierung – Schall/Ultraschall – Schiffahrt – Textiltechnik/Faserforschung/Wäschereiforschung – Turbinen – Verkehr – Wirtschaftswissenschaft.

WESTDEUTSCHER VERLAG · KÖLN UND OPLADEN
567 Opladen/Rhld., Ophovener Straße 1-3

GPSR Compliance

The European Union's (EU) General Product Safety Regulation (GPSR) is a set of rules that requires consumer products to be safe and our obligations to ensure this.

If you have any concerns about our products, you can contact us on ProductSafety@springernature.com

In case Publisher is established outside the EU, the EU authorized representative is:

Springer Nature Customer Service Center GmbH
Europaplatz 3
69115 Heidelberg, Germany

Batch number: 10584556

Printed by Printforce, the Netherlands